国家出版基金项目
NATIONAL PUBLICATION FOUNDATION

"十四五"时期国家重点出版物出版专项规划项目
中 国 建 造 关 键 技 术 创 新 与 应 用 丛 书

体育场馆工程建造关键施工技术

肖绪文　蒋立红　张晶波　黄　刚　等　编

中国建筑工业出版社

图书在版编目（CIP）数据

体育场馆工程建造关键施工技术 / 肖绪文等编. ——
北京：中国建筑工业出版社，2023.12
（中国建造关键技术创新与应用丛书）
ISBN 978-7-112-29457-2

Ⅰ. ①体… Ⅱ. ①肖… Ⅲ. ①体育场－工程施工②体
育馆－工程施工 Ⅳ. ①TU245

中国国家版本馆 CIP 数据核字（2023）第 244774 号

　　本书结合实际体育场馆工程建设情况，收集大量相关资料，对体育场馆的建设特点、施工技术、施工管理等进行系统、全面的统计，加以提炼，通过已建项目的施工经验，紧抓体育场馆的特点以及施工技术难点，从体育场馆的功能形态特征、关键施工技术、专项施工技术三个层面进行研究，形成一套系统的体育场馆建造技术，并遵循集成技术开发思路，围绕体育场馆建设，分篇章对其进行总结介绍，共包括 16 项关键技术、17 项专项技术，并且提供 15 个工程案例辅以说明。本书适合于建筑施工领域技术、管理人员参考使用。

责任编辑：王华月　范业庶　万　李
责任校对：姜小莲

中国建造关键技术创新与应用丛书
体育场馆工程建造关键施工技术
肖绪文　蒋立红　张晶波　黄　刚　等　编
*
中国建筑工业出版社出版、发行（北京海淀三里河路 9 号）
各地新华书店、建筑书店经销
北京红光制版公司制版
北京中科印刷有限公司印刷
*
开本：787 毫米×960 毫米　1/16　印张：13¾　字数：217 千字
2023 年 12 月第一版　　2023 年 12 月第一次印刷
定价：**55.00** 元
ISBN 978-7-112-29457-2
（40661）

《中国建造关键技术创新与应用丛书》
编 委 会

肖绪文　　蒋立红　　张晶波　　黄　　刚

王玉岭　　王存贵　　冉志伟　　张　　琨

吴月华　　李景芳　　油新华　　赵福明

焦安亮　　于震平　　欧亚明　　孙金桥

刘　彬　　曹　光　　王海兵　　王　辉

白　蓉　　谭　青　　张云富　　黄延铮

刘　涛

《体育场馆工程建造关键施工技术》
编 委 会

《中国建造关键技术创新与应用丛书》
编者的话

一、初心

"十三五"期间，我国建筑业改革发展成效显著，全国建筑业增加值年均增长 5.1%，占国内生产总值比重保持在 6.9% 以上。2022 年，全国建筑业总产值近 31.2 万亿元，房屋施工面积 156.45 亿 m²，建筑业从业人数 5184 万人。建筑业作为国民经济支柱产业的作用不断增强，为促进经济增长、缓解社会就业压力、推进新型城镇化建设、保障和改善人民生活作出了重要贡献，中国建造也与中国创造、中国制造共同发力，不断改变着中国面貌。

建筑业在为社会发展作出巨大贡献的同时，仍然存在资源浪费、环境污染、碳排放高、作业条件差等显著问题，建筑行业工程质量发展不平衡不充分的矛盾依然存在，随着国民生活水平的快速提升，全面建成小康社会也对工程建设产品和服务提出了新的要求，因此，建筑业实现高质量发展更为重要紧迫。

众所周知，工程建造是工程立项、工程设计与工程施工的总称，其中，对于建筑施工企业，更多涉及的是工程施工活动。在不同类型建筑的施工过程中，由于工艺方法、作业人员水平、管理质量的不同，导致建筑品质总体不高、工程质量事故时有发生。因此，亟须建筑施工行业，针对各种不同类别的建筑进行系统集成技术研究，形成成套施工技术，指导工程实践，以提高工程品质，保障工程安全。

中国建筑集团有限公司（简称"中建集团"），是我国专业化发展最久、市场化经营最早、一体化程度最高、全球规模最大的投资建设集团。2022 年，中建集团位居《财富》"世界 500 强"榜单第 9 位，连续位列《财富》"中国 500 强"前 3 名，稳居《工程新闻记录》（ENR）"全球最大 250 家工程承包商"榜单首位，连续获得标普、穆迪、惠誉三大评级机构 A 级信用评级。近年来，随着我国城市化进程的快速推进和经济水平的迅速增长，中建集团下属各单位在航站楼、会展建筑、体育场馆、大型办公建筑、医院、制药厂、污水处理厂、居住建筑、建筑工程装饰装修、城市综合管廊等方面，承接了一大批国内外具有代表性的地标性工程，积累了丰富的施工管理经验，针对具体施工工艺，研究形成了许多卓有成效的新型施工技术，成果应用效果明显。然而，这些成果仍然分散在各个单位，应用水平参差不齐，难能实现资源共享，更不能在行业中得到广泛应用。

基于此，一个想法跃然而生：集中中建集团技术力量，将上述施工技术进行集成研究，形成针对不同工程类型的成套施工技术，可以为工程建设提供全方位指导和借鉴作用，为提升建筑行业施工技术整体水平起到至关重要的促进作用。

二、实施

初步想法形成以后，如何实施，怎样达到预期目标，仍然存在诸多困难：一是海量的工程数据和技术方案过于繁杂，资料收集整理工程量巨大；二是针对不同类型的建筑，如何进行归类、分析，形成相对标准化的技术集成，有效指导基层工程技术人员的工作难度很大；三是该项工作标准要求高，任务周期长，如何组建团队，并有效地组织完成这个艰巨的任务面临巨大挑战。

随着国家科技创新力度的持续加大和中建集团的高速发展，我们的想法得到了集团领导的大力支持，集团决定投入专项研发经费，对科技系统下达了针对"房屋建筑、污水处理和管廊等工程施工开展系列集成技术研究"的任务。

接到任务以后，如何出色完成呢？

首先是具体落实"谁来干"的问题。我们分析了集团下属各单位长期以来在该领域的技术优势，并在广泛征求意见的基础上，确定了"在集团总部主导下，以工程技术优势作为相应工程类别的课题牵头单位"的课题分工原则。具体分工是：中建八局负责航站楼；中建五局负责会展建筑；中建三局负责体育场馆；中建四局负责大型办公建筑；中建一局负责医院；中建二局负责制药厂；中建六局负责污水处理厂；中建七局负责居住建筑；中建装饰负责建筑装饰装修；中建集团技术中心负责城市综合管廊建筑。组建形成了由集团下属二级单位总工程师作课题负责人，相关工程项目经理和总工程师为主要研究人员，总人数达300余人的项目科研团队。

其次是确定技术路线，明确如何干的问题。通过对各类建筑的施工组织设计、施工方案和技术交底等指导施工的各类文件的分析研究发现，工程施工项目虽然千差万别，但同类技术文件的结构大多相同，内容的重复性大多占有主导地位，因此，对这些文件进行标准化处理，把共性技术和内容固化下来，这将使复杂的投标方案、施工组织设计、施工方案和技术交底等文件的编制变得相对简单。

根据之前的想法，结合集团的研发布局，初步确定该项目的研发思路为：全面收集中建集团及其所属单位完成的航站楼、会展建筑、体育场馆、大型办公建筑、医院、制药厂、污水处理厂、居住建筑、建筑工程装饰装修、城市综合管廊十大系列项目的所有资料，分析各类建筑的施工特点，总结其施工组织和部署的内在规律，提出该类建筑的技术对策。同时，对十大系列项目的施工组织设计、施工方案、工法等技术资源进行收集和梳理，将其系统化、标准化，以指导相应的工程项目投标和实施，提高项目运行的效率及质量。据此，针对不同工程特点选择适当的方案和技术是一种相对高效的方法，可有效减少工程项目技术人员从事繁杂的重复性劳动。

项目研究总体分为三个阶段：

第一阶段是各类技术资源的收集整理。项目组各成员对中建集团所有施工项目进行资料收集，并分类筛选。累计收集各类技术标文件381份，施工组织设计269份，项目施工图206套，施工方案3564篇，工法547项，专利241篇，论文若干，充分涵盖了十大类工程项目的施工技术。

第二阶段是对相应类型工程项目进行分析研究。由课题负责人牵头，集合集团专业技术人员优势能力，完成对不同类别工程项目的分析，识别工程特点难点，对关键技术、专项技术和一般技术进行分类，找出相应规律，形成相应工程实施的总体部署要点和组织方法。

第三阶段是技术标准化。针对不同类型工程项目的特点，对提炼形成的关键施工技术和专项施工技术进行系统化和规范化，对技术资料进行统一性要求，并制作相关文档资料和视频影像数据库。

基于科研项目层面，对课题完成情况进行深化研究和进一步凝练，最终通过工程示范，检验成果的可实施性和有效性。

通过五年多时间，各单位按照总体要求，研编形成了本套丛书。

三、成果

十年磨剑终成锋，根据系列集成技术的研究报告整理形成的本套丛书终将面世。丛书依据工程功能类型分为：航站楼、会展建筑、体育场馆、大型办公建筑、医院、制药厂、污水处理厂、居住建筑、建筑工程装饰装修、城市综合管廊十大系列，每一系列单独成册，每册包含概述、功能形态特征研究、关键技术研究、专项技术研究和工程案例五个章节。其中，概述章节主要介绍项目的发展概况和研究简介；功能形态特征研究章节对项目的特点、施工难点进行了分析；关键技术研究和专项技术研究章节针对项目施工过程中各类创新技术进行了分类总结提炼；工程案例章节展现了截至目前最新完成的典型工程项目。

1.《航站楼工程建造关键施工技术》

随着经济的发展和国家对基础设施投资的增加，机场建设成为国家投资的重点，机场除了承担其交通作用外，往往还肩负着代表一个城市形象、体现地区文化内涵的重任。该分册集成了国内近十年绝大多数大型机场的施工技术，提炼总结了针对航站楼的 17 项关键施工技术、9 项专项施工技术。同时，形成省部级工法 33 项、企业工法 10 项，获得专利授权 36 项，发表论文 48 篇，收录典型工程实例 20 个。

针对航站楼工程智能化程度要求高、建筑平面尺寸大等重难点，总结了17 项关键施工技术：

- 装配式塔式起重机基础技术
- 机场航站楼超大承台施工技术
- 航站楼钢屋盖滑移施工技术

- 航站楼大跨度非稳定性空间钢管桁架"三段式"安装技术

- 航站楼"跨外吊装、拼装胎架滑移、分片就位"施工技术

- 航站楼大跨度等截面倒三角弧形空间钢管桁架拼装技术

- 航站楼大跨度变截面倒三角空间钢管桁架拼装技术

- 高大侧墙整体拼装式滑移模板施工技术

- 航站楼大面积曲面屋面系统施工技术

- 后浇带与膨胀剂综合用于超长混凝土结构施工技术

- 跳仓法用于超长混凝土结构施工技术

- 超长、大跨、大面积连续预应力梁板施工技术

- 重型盘扣架体在大跨度渐变拱形结构施工中的应用

- BIM 机场航站楼施工技术

- 信息系统技术

- 行李处理系统施工技术

- 安检信息管理系统施工技术

针对屋盖造型奇特、机电信息系统复杂等特点，总结了 9 项专项施工技术：

- 航站楼钢柱混凝土顶升浇筑施工技术

- 隔震垫安装技术

- 大面积回填土注浆处理技术

- 厚钢板异形件下料技术

- 高强度螺栓施工、检测技术

- 航班信息显示系统（含闭路电视系统、时钟系统）施工技术

- 公共广播、内通及时钟系统施工技术

- 行李分拣机安装技术

- 航站楼工程不停航施工技术

2.《会展建筑工程建造关键施工技术》

随着经济全球化进一步加速，各国之间的经济、技术、贸易、文化等往来日益频繁，为会展业的发展提供了巨大的机遇，会展业涉及的范围越来越广，

规模越来越大，档次越来越高，在社会经济中的影响也越来越大。该分册集成了 30 余个会展建筑的施工技术，提炼总结了针对会展建筑的 11 项关键施工技术、12 项专项施工技术。同时，形成国家标准 1 部、施工技术交底 102 项、工法 41 项、专利 90 项，发表论文 129 篇，收录典型工程实例 6 个。

针对会展建筑功能空间大、组合形式多、屋面造型新颖独特等特点，总结了 11 项关键施工技术：

- 大型复杂建筑群主轴线相关性控制施工技术
- 轻型井点降水施工技术
- 吹填砂地基超大基坑水位控制技术
- 超长混凝土墙面无缝施工及综合抗裂技术
- 大面积钢筋混凝土地面无缝施工技术
- 大面积钢结构整体提升技术
- 大跨度空间钢结构累积滑移技术
- 大跨度钢结构旋转滑移施工技术
- 钢骨架玻璃幕墙设计施工技术
- 拉索式玻璃幕墙设计施工技术
- 可开启式天窗施工技术

针对测量定位、大跨度（钢）结构、复杂幕墙施工等重难点，总结了 12 项专项施工技术：

- 大面积软弱地基处理技术
- 大跨度混凝土结构预应力技术
- 复杂空间钢结构高空原位散件拼装技术
- 穹顶钢—索膜结构安装施工技术
- 大面积金属屋面安装技术
- 金属屋面节点防水施工技术
- 大面积屋面虹吸排水系统施工技术
- 大面积异形地面铺贴技术

- 大空间吊顶施工技术
- 大面积承重耐磨地面施工技术
- 饰面混凝土技术
- 会展建筑机电安装联合支吊架施工技术

3.《体育场馆工程建造关键施工技术》

体育比赛现今作为国际政治、文化交流的一种依托，越来越受到重视，同时，我国体育事业的迅速发展，带动了体育场馆的建设。该分册集成了中建集团及其所属企业完成的绝大多数体育场馆的施工技术，提炼总结了针对体育场馆的 16 项关键施工技术、17 项专项施工技术。同时，形成国家级工法 15 项、省部级工法 32 项、企业工法 26 项、专利 21 项，发表论文 28 篇，收录典型工程实例 15 个。

为了满足各项赛事的场地高标准需求（如赛场平整度、光线满足度、转播需求等），总结了 16 项关键施工技术：

- 复杂（异形）空间屋面钢结构测量及变形监测技术
- 体育场看台依山而建施工技术
- 大截面 Y 形柱施工技术
- 变截面 Y 形柱施工技术
- 高空大直径组合式 V 形钢管混凝土柱施工技术
- 异形尖劈柱施工技术
- 永久模板混凝土斜扭柱施工技术
- 大型预应力环梁施工技术
- 大悬挑钢桁架预应力拉索施工技术
- 大跨度钢结构滑移施工技术
- 大跨度钢结构整体提升技术
- 大跨度钢结构卸载技术
- 支撑胎架设计与施工技术
- 复杂空间管桁架结构现场拼装技术

- 复杂空间异形钢结构焊接技术
- ETFE膜结构施工技术

为了更好地满足观赛人员的舒适度，针对体育场馆大跨度、大空间、大悬挑等特点，总结了17项专项施工技术：

- 高支模施工技术
- 体育馆木地板施工技术
- 游泳池结构尺寸控制技术
- 射击馆噪声控制技术
- 体育馆人工冰场施工技术
- 网球场施工技术
- 塑胶跑道施工技术
- 足球场草坪施工技术
- 国际马术比赛场施工技术
- 体育馆吸声墙施工技术
- 体育场馆场地照明施工技术
- 显示屏安装技术
- 体育场馆智能化系统集成施工技术
- 耗能支撑加固安装技术
- 大面积看台防水装饰一体化施工技术
- 体育场馆标识系统制作及安装技术
- 大面积无损拆除技术

4.《大型办公建筑工程建造关键施工技术》

随着现代城市建设和城市综合开发的大幅度前进，一些大城市尤其是较为开放的城市在新城区规划设计中，均加入了办公建筑及其附属设施（即中央商务区/CBD）。该分册全面收集和集成了中建集团及其所属企业完成的大型办公建筑的施工技术，提炼总结了针对大型办公建筑的16项关键施工技术、28项专项施工技术。同时，形成适用于大型办公建筑施工的专利共53项、工法12

项，发表论文 65 篇，收录典型工程实例 9 个。

针对大型办公建筑施工重难点，总结了 16 项关键施工技术：

- 大吨位长行程油缸整体顶升模板技术
- 箱形基础大体积混凝土施工技术
- 密排互嵌式挖孔方桩墙逆作施工技术
- 无粘结预应力抗拔桩桩侧后注浆技术
- 斜扭钢管混凝土柱抗剪环形梁施工技术
- 真空预压＋堆载振动碾压加固软弱地基施工技术
- 混凝土支撑梁减振降噪微差控制爆破拆除施工技术
- 大直径逆作板墙深井扩底灌注桩施工技术
- 超厚大斜率钢筋混凝土剪力墙爬模施工技术
- 全螺栓无焊接工艺爬升式塔式起重机支撑牛腿支座施工技术
- 直登顶模平台双标准节施工电梯施工技术
- 超高层高适应性绿色混凝土施工技术
- 超高层不对称钢悬挂结构施工技术
- 超高层钢管混凝土大截面圆柱外挂网抹浆防护层施工技术
- 低压喷涂绿色高效防水剂施工技术
- 地下室梁板与内支撑合一施工技术

为了更好利用城市核心区域的土地空间，打造高端的知名品牌，大型办公建筑一般为高层或超高层项目，基于此，总结了 28 项专项施工技术：

- 大型地下室综合施工技术
- 高精度超高测量施工技术
- 自密实混凝土技术
- 超高层导轨式液压爬模施工技术
- 厚钢板超长立焊缝焊接技术
- 超大截面钢柱陶瓷复合防火涂料施工技术
- PVC 中空内模水泥隔墙施工技术

- 附着式塔式起重机自爬升施工技术

- 超高层建筑施工垂直运输技术

- 管理信息化应用技术

- BIM 施工技术

- 幕墙施工新技术

- 建筑节能新技术

- 冷却塔的降噪施工技术

- 空调水蓄冷系统蓄冷水池保温、防水及均流器施工技术

- 超高层高适应性混凝土技术

- 超高性能混凝土的超高泵送技术

- 超高层施工期垂直运输大型设备技术

- 基于 BIM 的施工总承包管理系统技术

- 复杂多角度斜屋面复合承压板技术

- 基于 BIM 的钢结构预拼装技术

- 深基坑旧改项目利用旧地下结构作为支撑体系换撑快速施工技术

- 新型免立杆铝模支撑体系施工技术

- 工具式定型化施工电梯超长接料平台施工技术

- 预制装配化压重式塔式起重机基础施工技术

- 复杂异形蜂窝状高层钢结构的施工技术

- 中风化泥质白云岩大筏板基础直壁开挖施工技术

- 深基坑双排双液注浆止水帷幕施工技术

5.《医院工程建造关键施工技术》

由于我国医疗卫生事业的发展，许多医院都先后进入"改善医疗环境"的建设阶段，各地都在积极改造原有医院或兴建新型的现代医疗建筑。该分册集成了中建集团及其所属企业完成的医院的施工技术，提炼总结了针对医院的 7 项关键施工技术、7 项专项施工技术。同时，形成工法 13 项，发表论文 7 篇，收录典型工程实例 15 个。

针对医院各功能板块的使用要求，总结了7项关键施工技术：

- 洁净施工技术
- 防辐射施工技术
- 医院智能化控制技术
- 医用气体系统施工技术
- 酚醛树脂板干挂法施工技术
- 橡胶卷材地面施工技术
- 内置钢丝网架保温板（IPS板）现浇混凝土剪力墙施工技术

针对医院特有的洁净要求及通风光线需求，总结了7项专项施工技术：

- 给水排水、污水处理施工技术
- 机电工程施工技术
- 外墙保温装饰一体化板粘贴施工技术
- 双管法高压旋喷桩加固抗软弱层位移施工技术
- 构造柱铝合金模板施工技术
- 多层钢结构双向滑动支座安装技术
- 多曲神经元网壳钢架加工与安装技术

6.《制药厂工程建造关键施工技术》

随着人民生活水平的提高，对药品质量的要求也日益提高，制药厂越来越多。该分册集成了15个制药厂的施工技术，提炼总结了针对制药厂的6项关键施工技术、4项专项施工技术。同时，形成论文和总结18篇、施工工艺标准9篇，收录典型工程实例6个。

针对制药厂高洁净度的要求，总结了6项关键施工技术：

- 地面铺贴施工技术
- 金属壁施工技术
- 吊顶施工技术
- 洁净环境净化空调技术
- 洁净厂房的公用动力设施

● 洁净厂房的其他机电安装关键技术

针对洁净环境的装饰装修、机电安装等功能需求，总结了 4 项专项施工技术：

● 洁净厂房锅炉安装技术

● 洁净厂房污水、有毒液体处理净化技术

● 洁净厂房超精地坪施工技术

● 制药厂防水、防潮技术

7. 《污水处理厂工程建造关键施工技术》

节能减排是当今世界发展的潮流，也是我国国家战略的重要组成部分，随着城市污水排放总量逐年增多，污水处理厂也越来越多。该分册集成了中建集团及其所属企业完成的污水处理厂的施工技术，提炼总结了针对污水处理厂的 13 项关键施工技术、4 项专项施工技术。同时，形成国家级工法 3 项、省部级工法 8 项，申请国家专利 14 项，发表论文 30 篇，完成著作 2 部，QC 成果获国家建设工程优秀质量管理小组 2 项，形成企业标准 1 部、行业规范 1 部，收录典型工程实例 6 个。

针对不同污水处理工艺和设备，总结了 13 项关键施工技术：

● 超大面积、超薄无粘结预应力混凝土施工技术

● 异形沉井施工技术

● 环形池壁无粘结预应力混凝土施工技术

● 超高独立式无粘结预应力池壁模板及支撑系统施工技术

● 顶管施工技术

● 污水环境下混凝土防腐施工技术

● 超长超高剪力墙钢筋保护层厚度控制技术

● 封闭空间内大方量梯形截面素混凝土二次浇筑施工技术

● 有水管道新旧钢管接驳施工技术

● 乙丙共聚蜂窝式斜管在沉淀池中的应用技术

● 滤池内滤板模板及曝气头的安装技术

- 水工构筑物橡胶止水带引发缝施工技术

- 卵形消化池综合施工技术

为了满足污水处理厂反应池的结构要求，总结了 4 项专项施工技术：

- 大型露天水池施工技术

- 设备安装技术

- 管道安装技术

- 防水防腐涂料施工技术

8.《居住建筑工程建造关键施工技术》

在现代社会的城市建设中，居住建筑是占比最大的建筑类型，近年来，全国城乡住宅每年竣工面积达到 12 亿～14 亿 m^2，投资额接近万亿元，约占全社会固定资产投资的 20％。该分册集成了中建集团及其所属企业完成的居住建筑的施工技术，提炼总结了居住建筑的 13 项关键施工技术、10 项专项施工技术。同时，形成国家级工法 8 项、省部级工法 23 项；申请国家专利 38 项，其中发明专利 3 项；发表论文 16 篇；收录典型工程实例 7 个。

针对居住建筑的分部分项工程，总结了 13 项关键施工技术：

- SI 住宅配筋清水混凝土砌块砌体施工技术

- SI 住宅干式内装系统墙体管线分离施工技术

- 装配整体式约束浆锚剪力墙结构住宅节点连接施工技术

- 装配式环筋扣合锚接混凝土剪力墙结构体系施工技术

- 地源热泵施工技术

- 顶棚供暖制冷施工技术

- 置换式新风系统施工技术

- 智能家居系统

- 预制保温外墙免支模一体化技术

- CL 保温一体化与铝模板相结合施工技术

- 基于铝模板爬架体系外立面快速建造施工技术

- 强弱电箱预制混凝土配块施工技术

●居住建筑各功能空间的主要施工技术

10项专项施工技术包括：

●结构基础质量通病防治

●混凝土结构质量通病防治

●钢结构质量通病防治

●砖砌体质量通病防治

●模板工程质量通病防治

●屋面质量通病防治

●防水质量通病防治

●装饰装修质量通病防治

●幕墙质量通病防治

●建筑外墙外保温质量通病防治

9.《建筑工程装饰装修关键施工技术》

随着国民消费需求的不断升级和分化，我国的酒店业正在向着更加多元的方向发展，酒店也从最初的满足住宿功能阶段发展到综合提升用户体验的阶段。该分册集成了中建集团及其所属企业完成的高档酒店装饰装修的施工技术，提炼总结了建筑工程装饰装修的7项关键施工技术、7项专项施工技术。同时，形成工法23项；申请国家专利15项，其中发明专利2项；发表论文9篇；收录典型工程实例14个。

针对不同装饰部位及工艺的特点，总结了7项关键施工技术：

●多层木造型艺术墙施工技术

●钢结构玻璃罩扣幻光穹顶施工技术

●整体异形（透光）人造石施工技术

●垂直水幕系统施工技术

●高层井道系统轻钢龙骨石膏板隔墙施工技术

●锈面钢板施工技术

●隔振地台施工技术

为了提升住户体验，总结了 7 项专项施工技术：

- 地面工程施工技术
- 吊顶工程施工技术
- 轻质隔墙工程施工技术
- 涂饰工程施工技术
- 裱糊与软包工程施工技术
- 细部工程施工技术
- 隔声降噪施工关键技术

10.《城市综合管廊工程建造关键施工技术》

为了提高城市综合承载力，解决城市交通拥堵问题，同时方便电力、通信、燃气、供排水等市政设施的维护和检修，城市综合管廊越来越多。该分册集成了中建集团及其所属企业完成的城市综合管廊的施工技术，提炼总结了 10 项关键施工技术、10 项专项施工技术，收录典型工程实例 8 个。

针对城市综合管廊不同的施工方式，总结了 10 项关键施工技术：

- 模架滑移施工技术
- 分离式模板台车技术
- 节段预制拼装技术
- 分块预制装配技术
- 叠合预制装配技术
- 综合管廊盾构过节点井施工技术
- 预制顶推管廊施工技术
- 哈芬槽预埋施工技术
- 受限空间管道快速安装技术
- 预拌流态填筑料施工技术

10 项专项施工技术包括：

- U 形盾构施工技术
- 两墙合一的预制装配技术

- 大节段预制装配技术
- 装配式钢制管廊施工技术
- 竹缠绕管廊施工技术
- 喷涂速凝橡胶沥青防水涂料施工技术
- 火灾自动报警系统安装技术
- 智慧线＋机器人自动巡检系统施工技术
- 半预制装配技术
- 内部分舱结构施工技术

四、感谢与期望

该项科技研发项目针对十大类工程形成的系列集成技术，是中建集团多年来经验和优势的体现，在一定程度上展示了中建集团的综合技术实力和管理水平。

不忘初心，牢记使命。希望通过本套丛书的出版发行，一方面可帮助企业减轻投标文件及实施性技术文件的编制工作量，提升效率；另一方面为企业生产专业化、管理标准化提供技术支撑，进而逐步改变施工企业之间技术发展不均衡的局面，促进我国建筑业高质量发展。

在此，非常感谢奉献自己研究成果，并付出巨大努力的相关单位和广大技术人员，同时要感谢在系列集成技术研究成果基础上，为编撰本套丛书提供支持和帮助的行业专家。我们愿意与各位行业同仁一起，持续探索，为中国建筑业的发展贡献微薄之力。

考虑到本项目研究涉及面广，研究时间持续较长，研究人员变化较大，研究水平也存在较大差异，我们在出版前期尽管做了许多完善凝练的工作，但还是存在许多不尽如意之处，诚请业内专家斧正，我们不胜感激。

编委会

北京　2023 年

前　言

中华人民共和国成立后，体育事业发展迅速，尤其在改革开放以后，体育运动竞技内容越来越丰富，竞赛机制越来越完善，国内体育场馆建设数量较多，遇到许多新技术，国内在体育场馆建设施工技术方面缺少系统的研究和技术的集成。在国外，也没有一套完整的体育场馆建设技术可供参考。

中建三局集团有限公司充分发挥规划设计、投资开发、基础设施、房建总包"四位一体"优势，全方位参与城市建设，先后承担或参与了国内多个大型体育场馆建设项目，包括国家奥林匹克体育中心、深圳湾体育中心、贵阳奥林匹克体育中心、济南奥林匹克体育中心、深圳大运中心，以及多个城市和高校体育馆项目建设，在体育场馆建设方面积累了一定的经验。

为更好地服务和促进体育场馆建设发展，中国建筑股份有限公司组织骨干力量，结合实际体育场馆工程建设情况，收集大量相关资料，对体育场馆的建设特点、施工技术、施工管理等进行系统、全面的统计，加以提炼，并形成数据库，同时制作相关影片，编写相应标准，以此作为今后体育场馆建设可借鉴的成套集成资料。

本书通过已建项目的施工经验，紧抓体育场馆的特点以及施工技术难点，从体育场馆的功能形态特征、关键施工技术、专项施工技术三个层面进行研究，形成一套系统的体育场馆建造技术，并遵循集成技术开发思路，围绕体育场馆建设，分篇章对其进行总结介绍，分为功能形态特征研究、关键技术研究、专项技术研究及工程案例。

本书由中建三局集团有限公司承担主要编写工作，在编写过程中得到了中国建筑股份有限公司的大力支持。在此对参编人员表示衷心的感谢！理论知识未及顶峰，工程经验尚需积累，不妥之处在所难免，敬请专家同仁不吝赐教！

目　　录

1 概　　述

从古希腊奥林匹斯山下的简单体育活动，到现今丰富的体育竞技运动，体育的发展历史可谓源远流长：从传统的摔跤、骑马、射箭、龙舟，到现今篮球、足球、游泳、射击、田径等，体育运动广为流传。

体育比赛的场所也从古代以山坡为看台，坡下平地为赛场，到现今气势宏伟、功能完善的体育场和体育馆，协同体育事业的发展，跟随时代前进发展的步伐，体育场馆已成为社会物质和精神文明高度发展的产物。

体育比赛现今作为国际政治、文化交流的一种依托，越来越受到重视，如奥运会、世界杯、世锦赛等赛事的举办竞争十分激烈。而体育场馆的建设也成为举办赛事的决定性条件，如澳大利亚悉尼奥林匹克体育场、日本广岛体育场、南非国家银行体育场等，都已成为一个国家的标志性建筑。

1.1 体育场馆集成技术研究背景及意义

中华人民共和国成立后，社会主义体育事业发展迅速，尤其在改革开放以后，体育运动竞技内容越来越丰富，竞赛机制越来越完善，场馆建设越来越宏伟，2008 年北京奥运会取得的成就举世瞩目，标志着我国已成为世界体育大国、体育强国。

我国体育事业的迅速发展，带动了体育场馆的建设。国内场馆建设数量较多，遇到许多新技术，如国家体育馆鸟巢的复杂异形钢结构、水立方的膜结构施工、深圳大运中心体育场单层空间折面网格结构等。尽管如此，国内在体育场馆建设施工技术方面仍缺少系统的研究和技术的集成；在国外，也没有一套完整的体育场馆建设成套技术可供参考。

为更好地服务和促进体育场馆建设发展，本书结合实际体育场馆工程建设情况，收集大量相关资料，对体育场馆的建设特点、施工技术、施工管理等进行系统、全面的统计并加以提炼，形成今后体育场馆建设可借鉴的成套集成技术。

1.2　我国体育场馆发展概况

中华人民共和国成立后，政府开始重视全民健身和体育交流。党的十八大以来，我国各地已掀起了兴建体育场馆的热潮。在这样的时代背景下，我国体育场馆规模数量发展迅速，并且场馆功能多样，形态各异，设计建造越来越多地考虑到体育比赛、观众的需求并提供更好的服务，发展趋势良好。

1.2.1　体育场馆的规模数量发展迅速

随着改革开放事业的不断深入，我国人民的生活水平得到了很大的提高，人们在不断创造物质财富和精神财富的同时，更加注重自己的身体健康。特别是 2008 年夏季奥运会和 2022 年冬季奥运会，取得了举世瞩目的成绩，更加激发了全民健身运动的热情。我国的体育场馆建设实现了快速稳定的发展，不论从数量还是规模上，都取得了巨大进步。1949 年全国各类体育场馆不到 3000座，到 1995 年已有 61.5 万多座，是 1949 年的 210 多倍；2008 年拥有 104 万座体育场地，到 2020 年底，全国体育场地数量达到 371.34 万座，其增长速度之快、之稳，举世罕见。

1.2.2　体育场馆的功能、形态日益复杂

体育场馆已经从以前单纯为比赛服务，发展为集体育、文艺、集会、展览等于一体的综合性场馆，不仅提高了体育场馆的利用效率，也更好地服务了民众需要以及社会发展需求，如在体育馆中举办科技展览、在体育场举行大型文艺演出等。

体育场所已经从户外一处简单的平地或者单一的建筑物，发展成为具有奇异外形、生物生态性、风俗习性等特点的地标性建筑，如国家体育馆鸟巢外形、深圳湾体育中心春茧外形、贵阳奥林匹克体育中心采用具有民族特色的水牛角符号等。

1.2.3　体育场馆的设计建造技术要求越来越高

现代体育场馆为人们提供的运动和观赏条件大大优于天然场地，通过一定的技术措施，将阳光、空气、自然气息等流通于体育场馆内。体育场馆的设计建造要求越来越高，在满足功能、形态、结构需求下，越来越尊重自然环境，并重视内部环境的建造，让观众在舒适的环境中享受比赛，如通过可以开合的屋盖、透光的天窗和薄膜屋盖获得阳光和新鲜空气。

纵观我国体育场馆建设项目的发展，包括各大院校和各大中型城市的体育场馆项目，我国各地已掀起了兴建体育场馆的热潮。可以预测，在将来相当长的一段时间内，体育场馆建设将是我国基础建设的重点之一。

1.3　体育场馆集成技术开发思路

本书通过大量体育场馆项目，包括国家游泳中心水立方、南京奥林匹克体育中心、深圳湾体育中心、贵阳奥林匹克体育中心、武汉体育中心、武汉大学大学生体育活动中心、苏州奥体中心等的施工经验，紧抓体育场馆的特点以及施工技术难点，从体育场馆的功能形态、关键技术、专项技术等层面进行研究，形成一套系统的、有特色的体育场馆集成技术。

集成技术的开发过程遵循以下几条思路：

（1）收集 41 个体育场馆工程资料，包括施工组织设计、施工方案、科技成果材料、工程照片等，对集成技术进行提炼总结。

（2）对体育场馆的功能形态进行深入透彻的分析，概括总结出场馆的功能形态特点，并加以区分体育场和体育馆的不同点；同时对由功能形态所决定的体育场馆设计建造技术进行归纳总结。

（3）在总结现有技术的前提下，突出体育场馆工程技术的难点和创新点，对关键技术的要点及实施进行简明介绍，并附带相关实例，形成体育场馆通用技术集成，以便参考人员能够快速抓住重点。

（4）体育场馆的体育工艺施工关系着场馆质量及功能使用要求，非常重要。因此抓住专业工艺特点进行技术分析，对施工技术进行介绍，把体育场馆的专业化、个性化技术系统展示出来。

（5）重点突出体育场馆施工管理的思路、方法，对专业管理包括深化设计、质量、进度等进行系统介绍，形成体育场馆的总包管理要点。

（6）建立体育场馆建造施工数据库，包括施工组织设计、施工方案、工法、专利、论文等，便于对同类或类似工程进行指导并提供信息检索。

1.4　体育场馆成套技术特点及研究内容

体育场馆成套技术特点主要来源于其结构的特点。通过多个大型体育场馆的施工经验，我们发现尽管体育场馆外形千差万别、形状迥异，但是在建筑设计上仍具有许多共同的特点，对主要特点做以下介绍：

混凝土结构主要表现为大体积、大截面、大悬挑、超长环形预应力结构和异形结构等。

钢结构主要表现为各种复杂（异形）空间结构，在平面和立体造型上的不规则和多样性，如双曲面形屋面、大跨度网壳结构、曲面桁架结构等。

机电安装主要表现为管道分布异形，安装难度大，消防报警要求高楼宇自动化系统内容复杂，中央空调系统对通风、房间温度控制要求高。

装饰装修主要表现为膜结构施工难度高，看台及屋面防水装饰要求高，玻璃、石材等幕墙装饰应符合场馆特点等。

体育场馆的多功能需求、结构复杂、形态奇异等特点，往往给场馆施工造成很大的难度。针对以上特点，为给同类工程提供可借鉴的成套技术，本书将在测量、看台施工、钢筋混凝土、钢结构、预应力、机电安装、装饰装修、改扩建、专业工艺施工等技术方面进行开发研究。

　　体育场和体育馆尽管在形态及功能上有许多共同点，但是其差异性也导致了施工技术有所不同。所涉及的施工技术如图 1-1 所示。

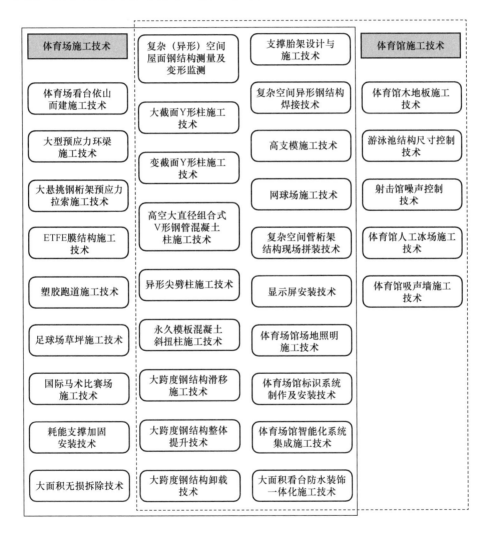

图 1-1　体育场馆施工技术

　　我国体育场馆建设项目的数量如雨后春笋一样不断增长，为形成体育场馆施工集成技术，本书将遵循集成技术开发思路，围绕体育场馆建设，分篇章对其进行总结介绍，分为功能形态特征研究、关键技术研究、专项技术研究以及工程案例。

2　功能形态特征研究

2.1　体育场馆的功能特点

体育建筑的通常意义为：作为体育竞技、体育教学、体育娱乐和体育锻炼等活动之用的建筑物。体育场馆作为最主要、最典型的体育建筑，首要功能即满足体育事业的需要。

随着当今社会的快速发展，人民生活水平的日益提升，民众对体育场馆的需求也在显著增长，但现有体育场馆的利用效率不高，赛事过后经济效益和社会效益低下的现状严重影响了场馆的建设和经营，要解决这一问题，必须要求体育场馆实现可持续性的多功能化利用。根据体育场馆的自身特征，在使用和设计过程中，将多种体育项目或除体育项目外其他功能项目融入体育场馆的综合体中，形成新的建筑功能体系和相应的建筑整体，包括多种功能在建筑综合体中的组合以及多种功能在同一空间内的交替变换。

2.1.1　体育场和体育馆的共同功能特点

（1）建筑功能多元化

体育场馆以往多由一个场地或大厅"唱独角戏"，造成赛事活动单调，难以满足群众锻炼需求，缺少服务活动，导致利用率不高，经济亏损。因此，体育场馆的多元化组成，不仅能涵盖体育竞技、娱乐、服务等方面，更能充分发挥其社会和经济效益（图 2-1、图 2-2）。

（2）使用功能多样化

体育场馆在设计中通常将比赛大厅的通用空间灵活运用，从而带来新的功能变化，使场馆的各个空间达到预期的目标；不仅包含体育场馆所必需的

图 2-1　各种比赛场所

体育功能空间，还包括根据具体的基地周边状况，为了提高场馆综合效益而人为增加的功能空间，以及适应多种功能的空间组织、建筑形象、外部环境等（图 2-3）。

（3）功能需求动态性

体育比赛的具体项目和规则不断发生变化，群众健身活动内容、方式和大型社会公众活动的内容和性质等方面也在不断地发生变化，因此，要使大型体育场馆功能与社会发展对它的动态需求保持一致，如何提高大型体育场馆的空间灵活性和适应能力，是解决社会发展对体育场馆动态需求的关键所在。

(a) 热身馆

(b) 训练馆

(c) 新闻发布厅

(d) 贵宾包厢

(e) 观光大厅

(f) 餐厅

图 2-2　体育场馆的多元化组成

(a) 举行各种比赛

(b) 举办大型文艺演出等娱乐活动

(c) 举办展览、商务等活动

图 2-3　体育场馆的多样化使用功能（一）

(d) 进行集会活动

(e) 进行各种学习、技能等培训

图 2-3　体育场馆的多样化使用功能（二）

（4）赛事间歇性

体育场馆的使用有个很明显的特点就是竞技比赛的间歇性，一般的体育场馆用于比赛的时间通常不到全部使用时间的 10%，大量的空闲时间使多功能成为可能，为了提高利用效率，多功能化成了必然。而文艺演出、展览、集会包括体育教学等活动，也相应地具有间歇性特点，这样的相似性保证了这些功能项目在时间上的互补，有利于综合利用。

（5）容纳能力大

体育场馆的很多项目，尤其是大型的体育竞技、文艺演出、商业、文化展览，往往以大量的观演、参观人群为服务对象。与影剧院、文化馆等场所相比，体育场馆容纳的观众人数更多，为了追求更高的效益、更热烈的场面，体育场馆成为这些项目的首选场所。这在客观上为体育场馆的多功能化提出了要求。

（6）可持续发展——绿色建筑

绿色体育建筑以传统的体育建筑设计体系为基础，吸收绿色建筑设计思想中的合理成分，对自然资源和能源利用、材料的可重复使用、环境设计的理性、设计呼应气候、功能可持续等方面进行特别关注（图 2-4），以贯彻可持续发展的科学理念。绿色体育建筑既是绿色建筑新的发展，也是体育建筑新的深化。

(a) 清水混凝土看台支撑柱外形美观，绿色、环保、节能

(b) 通过屋顶可以实现自然通风和采光，减少能源消耗

图 2-4　绿色体育建筑

2.1.2　体育场和体育馆的不同功能特点

体育场是可提供体育比赛和其他表演用的宽敞的室外场地，同时为大量观

众提供坐席的建筑物。

体育馆是配备专门设备而且能够进行球类、室内田径、冰上运动、体操、武术、拳击、击剑、举重、摔跤、柔道等单项或多项室内竞技比赛和训练的体育建筑。体育馆根据功能可分为综合体育馆和专项体育馆。

（1）赛事功能不同

体育场馆的首要功能是要满足体育竞技赛事的需要，正是由于比赛项目对场地状况需求不同，才有了体育场和体育馆之分。赛事功能的不同，是功能特点最根本的区别。体育场和体育馆比赛项目统计如表2-1所示。

（2）体育馆的赛事使用有较强的灵活性

就举办赛事而言，体育场比较多地举行足球比赛、室外田径；体育馆可以通过场地的合理分隔布置，增设临时设施等措施，将大厅划分为不同性质的空间，进而举办不同的赛事，如篮、排球场通过搭台举行体操比赛、横放篮球架成训练场地，游泳馆举办水球比赛，放掉池水立起支架铺设木板，变成冰球场、田径场以及篮、排球场等。体育馆的赛事场地使用相对体育场比较灵活。

体育场和体育馆比赛项目统计表　　　　　　　　　表 2-1

名称	单独使用比赛项目	共同使用比赛项目
体育场	田径、足球、垒球、自行车、手球、曲棍球、棒球、马术、网球、射箭、网球	部分田径比赛（赛跑、跳高等）、自行车
体育馆	田径、羽毛球、篮球、室内足球、拳击、自行车、击剑、体操、武术、举重、柔道、摔跤、跆拳道、乒乓球、射击、射箭、排球、跳水、冰上运动	

（3）**体育场的容纳能力更大**

体育场和体育馆的规模分类如表2-2所示。为了更好地满足比赛及举办其他如大型展览、集会、文艺演出等人数众多的活动的需求，会更优先选用体育场作为活动场所。体育馆因为场地等因素的限制，座位数的设计往往远小于体育场的坐席数，这也为举办以人数为主要因素的活动提供了选择。

体育场和体育馆规模分类表   表 2-2

名称 规模	体育场坐席个数	体育馆坐席个数
特大型	60000 以上	10000 以上
大型	40000～60000	6000～10000
中型	20000～40000	3000～6000
小型	20000 以下	3000 以下

2.2 体育场馆的形态特点

体育建筑作为一个国家、一个城市精神及文化的象征，往往要求能集文化、教育、历史、地理、风俗及娱乐于一体，融合力与美，展现出一个区域文化与艺术的内涵、创新的观念以及宏观的视野。因而，其建筑设计需要富有创造力和想象力，体育场馆的结构形式也很复杂，外观形状以多样化著称，俨然成为一个城市乃至国家的标志性建筑。

2.2.1 体育场和体育馆的共同形态特点

（1）大跨度

现代体育场馆的屋顶基本为钢结构，采用空间桁架、网格、悬索、拉索等结构支撑体系，轴线跨度往往可以达到几百米，能够创造很大的水平空间用来提供坐席和比赛场地（图 2-5）。

（2）大空间

赛事特点需要（如足球比赛需要场地及空间大）、观众坐席数量多、观看比赛的视觉需要、相关设备的安装空间等，决定了体育场馆必须有较大的空间，来更好地满足比赛和观众需要（图 2-6）。

(a) 武汉体育中心体育场东西方向最大轴线距离
248.01m，南北方向最大轴线距离280.41m

(b) 北京奥体中心体育场整个场地南北
长度达236m，东西长度达249m

(c) 南京奥林匹克体育中心屋面单个斜拱跨度达340m

(d) 广州体育馆纵向最大跨度160m，横向最大跨度110m

图 2-5　大跨度的体育场馆

（3）大悬挑

体育场馆的坐席设计数量比较大，尤其是体育场，这就要求看台的面积
大，而占地空间有限，因此看台大多设计为悬挑结构，由于看台和屋面的对应

(a) 南昌国际体育中心体育场建筑高度为51.85m，建筑层数为地上6层

(b) 五棵松体育馆地上6层，建筑高度27.86m

图 2-6　大空间的体育场馆

性，屋面也多为悬挑结构（图 2-7）。

(a) 南京奥林匹克体育中心11m悬挑看台　　(b) 沈阳奥林匹克体育中心悬挑钢结构体系

图 2-7　悬挑结构的体育场馆

(a) 国家体育场

(b) 深圳湾体育中心

(c) 贵阳奥林匹克中心主体育场

(d) 北京奥林匹克公园网球中心

图 2-8　形态各异的体育场馆

（4）形态各异

现代建筑的外形风格越来越多样化，体育场馆亦不例外，许多体育场馆以生物界某些生物体构成规律为研究对象，通过完善建筑的处理方法，设计出新颖的造型，并且往往也能发挥新结构体系的作用并创造出非凡效果。如图 2-8 所示，国家体育场犹如一个由树枝编织成的鸟巢，深圳湾体育中心采用了"春茧"的独特设计方法，贵阳奥林匹克中心主体育场引用民族特色的水牛角符号，北京奥林匹克公园网球中心外形宛如 12 片花瓣往空中伸展的"莲花"。

（5）设施机动性

现在体育场馆越来越多地采用活动设施变换场地和坐席布局。活动设施范围较广，从地板、舞台到看台以及屋盖都可以灵活调遣，为体育场馆实现多功能提供了至关重要的变化手段。

2.2.2　体育场和体育馆的不同形态特点

（1）开合性

如图 2-9 所示，体育馆往往为封闭结构，在室内举行比赛或者其他项目，不受天气因素的影响。体育场基本上屋顶为敞开结构，随着社会发展，越来越多的体育场采用了可动屋面，可以让观众在晴朗的天气下享受快乐，同时在天气不好的时候提供庇护，必要时可以抵御严寒酷暑；另外也使得在室内种植自然草皮成为现实。开合结构可以在很短的时间内对可动屋面进行开合操作，使得体育场的使用更加方便全面。

(a) 体育馆屋面形态各异，但为封闭结构

(b) 体育场屋面基本为敞开性（某些屋面可开启或者闭合）

图 2-9　体育场馆的开合性

（2）建筑轮廓多样性

体育场因比赛场地、看台视角等因素的影响，轮廓线以圆形或椭圆形居多。体育馆相对来说，占地面积小，建筑轮廓线多样，有方形、圆形以及其他不规则形状等。

2.3 体育场馆的设计、建造技术特点

随着体育事业的快速发展，体育场馆建设项目越来越受到社会关注，投入力度也越来越大。体育场馆的功能和形态决定了在设计和施工过程中，都有其自身的特点，现就以下几点做介绍。

2.3.1 体育场馆的设计特点

（1）功能多样化设计

为满足体育场馆的使用需求，应充分考虑其功能多样化设计，功能结构一般有：看台区、竞赛区、运动员及随队人员休息区、热身训练区、新闻媒体区、竞赛管理区、贵宾休息区、商务区、餐饮区等，还应对场馆功能转换做出相应的设计方法。

（2）人流交通疏散设计

体育场馆的观众人数众多，一旦发生意外事件，若没有合理充足的疏散通道，造成的损失后果则不堪设想。体育场馆的疏散分为正常疏散和紧急疏散，紧急疏散以发生火灾时为最不利情况，因此在设计中要考虑烟气运动、人员心理行为，设计合理的流线组织、畅通的竖向交通、清晰的疏散标志，均匀布置安全出口、宽阔的集散场地，以减少体育场馆的疏散风险（图 2-10）。

（3）安全设计

在进行体育场馆安全系统设计时，应充分考虑场馆的不安全因素：外部产生和内部产生。外部产生的因素主要有：自然灾害（地震等）、恐怖袭击、人为寻事、人为放火等。内部产生的因素主要有：设备故障、线路故障引起的火

图 2-10 体育场馆的疏散标志和安全出口标志

灾；照明断电，而应急照明故障也容易引起观众的恐慌。

为将不安全的因素遏制在初始阶段，避免造成更大的伤害，在设计时应对外部和内部的情况分别采取有效的策略，如入场安检系统、防火系统、安防监控系统、应急指挥中心等（图 2-11）。

图 2-11 体育场馆安防监控中心

（4）绿色建筑设计

体育场馆的设计，从绿色建筑角度考虑，以原材料的选择与管理、产品的可回收性和可拆卸性作为设计的出发点，使得资源消耗和环境负影响降到最低。

（5）舒适度设计

体育场馆在满足体育竞技需求的同时，还要让观众在舒适的环境下能享受比赛以及活动的乐趣，因此舒适度设计至关重要。如看台应根据运动项目的不同特点，设计合理视线，使观众看到比赛场地的全部或绝大部分；通过开合屋面让观众在明媚阳光、新鲜空气下欣赏比赛等。

2.3.2 体育场馆的建造技术特点

（1）体育工艺

体育工艺设计建造的水平将直接决定体育建筑的功能质量，因此在建筑设计方案初步设计阶段，体育工艺设计应与建筑设计相配合，并要保证体育工艺的施工质量，使其主场地及各辅助用房能满足体育竞赛和群众健身功能的需要，如塑胶跑道、游泳赛道、射击馆噪声控制、网球丙烯酸面层、足球场草坪、体育馆木地板、照明、显示屏、检票系统、火炬塔等（图 2-12）。

（2）测量技术

体育场馆外形奇异，结构复杂，使用功能多样，因而测量技术对体育场馆的建造有至关重要的作用，包括场馆主体测量、钢结构测量、体育专业工艺测量。测量内容一般包括：平面和高程控制基准点的投测及测量控制体系的建立；倾斜放样及预控数据库的建立与实时更新；钢结构位移变形观测、承重胎架定位测量、铸钢节点吊装定位预控和测校，以及合拢区域施工缝宽度的开合变化观测；跑道长度、足球场、篮球场尺寸测量等（图 2-13、图 2-14）。

（3）混凝土技术

许多体育场馆是由钢筋混凝土构成主体结构的，如何保证好钢筋混凝土的施工质量成为体育场馆建造质量的重点。采用一定的混凝土施工工艺不仅能保证建造质量，更能符合现代建筑的要求，如清水混凝土技术、预应力环梁技术、超长无缝施工技术、异形混凝土柱施工技术、超长超大面积"跳仓法"混

(a) 田径塑胶比赛跑道

(b) 足球场草坪

(c) 游泳赛道

(d) 篮球场木地板

图 2-12　体育场馆的应急指挥中心和安防监控中心

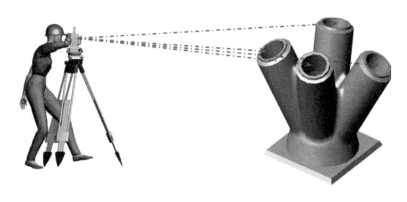

图 2-13　铸钢节点测量示意图

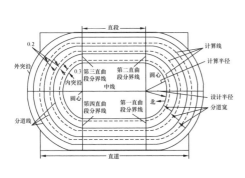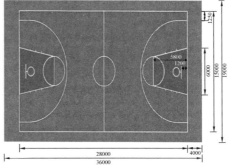

图 2-14　足球场、篮球场尺寸

凝土技术等。

1）清水混凝土技术。清水混凝土结构不需要装饰，舍去了涂料、饰面等化工产品，有利于环保；清水混凝土结构一次成型，不剔凿修补、不抹灰，减少了大量建筑垃圾，有利于保护环境（图 2-15）。

(a) 清水混凝土看台板　　　　　　　　　　(b) 清水混凝土外墙

图 2-15　体育场馆的清水混凝土

2）预应力环梁技术。体育场馆由于建筑结构因素和功能需求，存在环梁，为保证施工质量，采用预应力技术，取得了较好的效果（图 2-16）。

3）超长无缝施工技术。超长无缝施工技术的运用，保证了体育场馆的施工质量，在控制结构裂缝、漏水等方面取得了显著成效（图 2-17）。

4）异形混凝土柱施工技术。在一些大型体育场馆的设计中，其主体通

图 2-16　预应力环梁实物图

(a) 梁板无缝施工效果　　　　　　　　　(b) 楼面无缝施工效果

图 2-17　无缝施工效果图

常都是由钢筋混凝土构成的框架结构或是框剪结构。在顶层楼板与上层环形梁连接时，通常会采用大截面、变截面或其他结构形式的异形柱结构（图 2-18）。

（4）钢结构技术

钢结构在体育场馆中的应用越来越广泛，钢结构的形式复杂多样，特别是屋顶钢结构，通常都是大跨度、大悬挑、复杂异形空间结构，为保证建造质量，探索出一系列钢结构施工技术，如钢结构仿真技术、钢结构测量技术、大跨度滑移施工技术、大跨度整体提升/顶升技术、大跨度卸载技术、支撑胎架设计与施工技术等。

(a) Y形柱和大斜梁　　　　　　　　(b) 组合式V形钢管混凝土柱

图 2-18　异形混凝土柱

1) 钢结构仿真技术

体育场馆的结构形式复杂，施工过程运用计算机仿真进行施工方案的可行性评估和方案优化，保证了施工质量、安全和方案的科学性（图 2-19）。

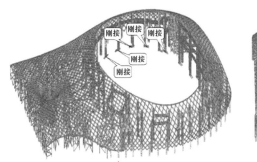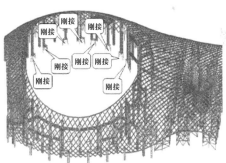

图 2-19　深圳湾体育中心钢结构施工仿真处理示意图

2) 焊接技术

体育场馆的钢结构用量都很大，且结构形状复杂，空间跨度大，导致焊接工程量大，焊接质量要求很高（图 2-20）。

3) 大跨度滑移施工技术

体育场馆屋顶钢结构处于高空中，将钢结构条状单元在建筑物上由一端滑移到设计位置就位后总拼成整体，在施工质量及进度上取得了较好的效果

(a) 球网架节点焊接

(b) 钢管桁架焊接   (c) 复杂节点焊接

图 2-20　焊接实物图

（图 2-21）。

图 2-21　钢结构滑移施工图

4）大跨度整体提升/顶升技术

体育场馆由于空间大、跨度大，单个构件在高空拼装难度大，进度也慢，因此将构件在地面拼装成大单元，选择合理的提升/顶升点，采用液压系统实现同步整体提升/顶升，不仅能保证施工质量，更能满足进度需求，效果良好（图 2-22）。

(a) 整体提升　　　　　　　　　　　　　(b) 整体顶升

图 2-22　大跨度整体提升/顶升

5）大跨度卸载技术

一般在钢结构主体结构安装达到空间稳定并完成所有焊接及连接工作后，需要对临时支撑结构进行卸载。针对体育场馆钢结构跨度大、卸载点多等特点，一般将结构分为若干个卸载片区，采用"分区卸载、实时监控、连续卸荷"的方法进行胎架卸载（图 2-23）。

(a) 设置千斤顶　　　　　　　　　　　　(b) 进行支撑卸载

图 2-23　大跨度卸载

3 关键技术研究

体育场馆建设是一项庞大而复杂的系统工程，具有多专业性、多领域性等特点，且技术复杂、施工难度大，特别是大中型体育场馆，在平面上尺寸大、建筑造型变化多，多为不同曲率的曲线和曲面组成；在基础、平台、看台等混凝土结构断面尺寸大，并有较大挑出，梁、柱异形交叉呈复杂形状；在屋面篷盖结构上体现出各体育场馆的设计理念和特征，造型复杂，多呈现超大尺寸，现在的设计多利用钢结构来满足大跨度、大悬挑的空间曲线或曲面复杂多变、形态各异的特点。场馆内外的装饰装修、水、暖、消防、智能系统等也由于工程本身的特点而具有专业的施工技术特点和难点。

本书在分析现代体育场馆特点和难点的基础上，分别从混凝土结构、钢结构工程、装饰装修等施工技术中提炼了现代体育场馆关键技术，用于指导现代体育场馆的施工。

3.1 复杂（异形）空间屋面钢结构测量及变形监测技术

3.1.1 技术特点

由于建筑设计理念的创新和发展，体育场馆的屋面结构呈现出各种复杂（异形）空间结构。由于工程平面和立体造型上的不规则和多样性，屋面钢结构一般为高空、立体多变型，如双曲面形、马鞍状、波浪形等，测量非常复杂、多变。

3.1.2 测量技术

（1）主要对策和技术措施

1）通过历年气象资料，统计分析工程所在地区在主体结构施工时间段内的气温，采用计算机分析结构受温度影响变化的规律，提前做好预调措施。

2）配置视距远、清晰度高、误差小的高精测量设备。

3）施工中核对地面布控点群校群检，形成稳定片区，先行完成局部焊接方式，从底层向中层，从中层向上层，从核准独立杆件到核准片区杆件框体，在平面从中间向四周延伸，从保证单体精准到局部精准，全面精准地开展测量工作。

4）复杂（异形）构件和节点的定位、测量利用计算机建立实体模型，确定理论控制点的坐标。

5）采用高精度全站仪对节点进行空间三维坐标控制；安装到位后，用全站仪激光捕捉空间三维坐标信息直接测量控制点的三维坐标，将测量数值与设计预控制值比较，调整节点至设计位置。在材料选择上严格按照设计技术参数的要求选择合格的厂家。

（2）对关键节点实体检测（铸钢件检测、安装测量）

铸钢节点制作完成后，在地面设置专用平台进行检查验收，主要是采用三维坐标拟合法对其外形尺寸、分支数量与角度方向、节点中心和分支端预定的控制点三维坐标等进行复查，确保构件安装顺利。采用全站仪进行节点分支角度和坐标检测。

根据设计蓝图进行铸钢节点深化设计，深化过程中根据柱脚中心坐标，铸钢节点各个分支方向、长度等确定出牛腿定位相对坐标值。

采用拟合法检测铸钢节点构件时，在专用平台处投放铸钢节点测量检测临时控制网，将铸钢节点构件放置在临时控制网中，采用全站仪对构件控制标记点在临时控制网的三维坐标值进行采集。将采集数据输入电脑，在三维建模软件中建立实测的铸钢件分支模型，与深化设计模型进行对比，得出检查结论。

用全站仪测量铸钢节点各端口中心点的三维坐标，将测得的坐标值在计算机 CAD 图形界面内建立实体线模，如图 3-1 所示。

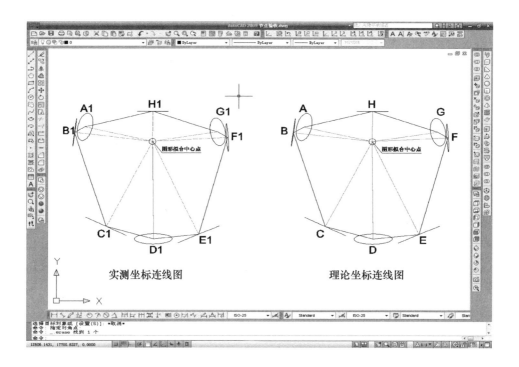

图 3-1　实体线模示意图

铸钢节点构件现场测量控制时，根据现场工程测量三维控制网投放出构件中心定位、方向控制的十字线。构件安装定位及标高调整到位后，检查该构件在现场测量控制网中各分支的控制点位坐标值，与设计坐标对比并予以调整，确保铸钢节点分支与屋面支撑杆件钢管对接。

（3）合拢部位测量

为控制结构中的锁定内力，通常对结构应力集中部位的某些杆件需要进行延缓缝施工，如南北两侧合拢区域的对接处。在延缓缝封闭之前需对布置在延迟节点两侧的观测点进行位移观测。由于此时钢结构已加载完毕，因此导致此时延缓缝变形的主要因素应为日照温差。故观测时选择从早到晚每隔 1h 观测一次，并做好时间-间距变化记录及不同时间段的温度记录，对测量仪器的大气值进行适时修正，绘制时间-间距变化曲线，观察变形曲线。

分析曲线上下波动的平均位置，求出此位置合拢区的大小及所对应的时间段，报设计及监理进行成果表审批，从而指导延缓缝施工。

（4）胎架整体释放时的位移、应力应变监测

胎架释放是安装完成后的一个重要环节，应监测铸钢节点、弯扭弧状控制点、支座、主杆件的位移和应力应变。监测步骤如下：

1）胎架释放前，用全站仪测量各节点和主杆件跨中的初始状态参数。

2）根据模拟分析计算结果，在受力集中、变形大的部位布设监测点。用全站仪监测位移；在构件表面粘贴应力应变片，监测构件应力应变。

3）安装过程或胎架分级释放时，监测每次参数变化，依此判断安装或释放过程中结构的安全性。如发现千斤顶下降量超过计算预定值，应立即停止释放，寻找原因，采取对应措施，确保释放安全。

4）胎架释放后 3 天内，继续监测并做好记录。

5）屋盖安装全部完成后测量支座参数。

3.2 体育场看台依山而建施工技术

当在多山地区建设体育建筑时，设计师就会充分结合当地的地形地貌，将看台设计坐落在自然山体上，使建筑体与空间形态既相互联系，又互不干扰。

3.2.1 施工流程

体育场看台依山而建施工流程如图 3-2 所示。

3.2.2 施工技术

（1）边坡施工成型控制技术

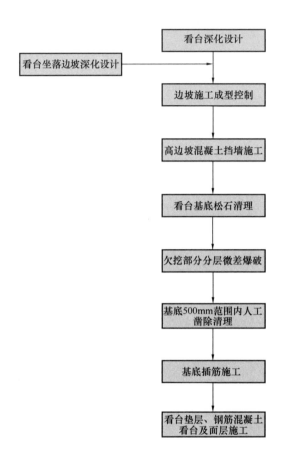

图 3-2　体育场看台依山而建施工流程图

根据设计要求和现场实际情况，为满足边坡和实土看台基岩完整性、稳定性，边坡欠挖部分采用分层微差爆破，距坡边 500mm 范围内采用人工风镐、破碎机破碎凿除。

1）微差爆破控制技术

① 参数设计

采用工程类比法，并通过现场试验最终确定。为确保边坡稳定，不产生超挖和欠挖，边坡采用光面爆破。在节理裂隙较发育地段采用预裂爆破。

为获得良好的光面效果，采用低密度、高体积威力炸药，以减少炸药爆轰波的破碎作用和延长爆破气体的膨胀作用时间，使爆破作用呈准静态状态，采用专用光爆炸药。

a. 预裂爆破参数：包括孔径、孔距、装药不耦合系数、线装药密度等。

b. 光面爆破参数：

a) 光面爆破层厚度即最小抵抗线的大小，采用炮孔直径的 18 倍。

b) 孔距为光面爆破层厚度的 0.9 倍。

c) 钻孔直径及装药不耦合系数和预裂爆破相同。

d) 线装药密度按照松动爆破药量计算公式确定。

② 装药结构与起爆

a. 装药结构

a) 堵塞段：堵塞段的作用是延长爆破气体的膨胀作用时间，且保证孔口段只产生裂缝而不出现爆破漏斗，该段长取 1.0m。

b) 孔底加强段：段长大体等于堵塞段。由于孔底受岩石夹持作用，故需用较大的线装药密度。

c) 均匀装药段：该段一般为轴向间隔不耦合装药，并要求沿孔轴线方向均匀分布。轴向间隔装药须用导爆索串联各药卷起爆。为保证孔壁不被粉碎，药卷尽量置于孔的中心。

b. 起爆

为保证同时起爆，爆破用导爆索起爆，并采用分段并联法。由于光面爆破孔是最后起爆，导爆索有可能遭受超前破坏，为保证周边孔准爆，对光面爆破孔采用高段延期雷管与导爆索的双重起爆法。预裂孔若与主爆区炮孔组成同一网路起爆，则预裂孔超前第一排主爆孔 75～100ms 起爆。

2) 人工机械破碎清理施工技术

当平台设计有孔桩，破碎机进行破碎凿除时，该部分孔桩混凝土浇筑工作正在进行，需注意该部分的施工方向和进度。

对于欠挖部分和上部岩体悬臂部分，需垫起相应的平台，平台用从场内其他位置运来的碎石土铺设，然后采用挖机将表层松散的石块清除，再用人工风镐、破碎机进行局部破碎处理。最后将铺设的操作平台和从边坡上清理下来的石方一并运至指定弃土位置。

（2）体育场依山而建技术

将主体育场看台充分结合地形地貌，使建筑体与空间形态既相互联系，又互不干扰，依山而建，看台直接坐落在自然山体上，充分利用山坡建设看台。为充分利用原有地形地貌，对部分山体进行局部开挖后，直接在山体上做混凝土实体看台，大幅减少土方开挖并且节省了投资。

边坡挡墙形式采用锚拉式挡土墙，即边坡锚杆采用 $\phi 36$ 螺纹钢筋，锚杆长度为 3.3m～8.85 不等，间距 2.0m×2.0m，不同长度的锚杆呈梅花形布置，与挡墙结构钢筋焊接连接，保证挡墙结构的稳定性。实体看台下采用 $\phi 25$ 插筋，间排距 1.5m，呈梅花形布置，深入基岩 1.5m，上部留至看台钢筋，与看台钢筋焊接连接，保证实体看台的稳定性。

1）锚拉式挡墙锚杆施工技术

① 操作架和安全防护架搭设

a. 看台高边坡操作防护架根据钻孔工艺不同，架体搭设宽度有所区别。

b. 小横杆两端采用直角扣件固定在大横杆上，靠墙一侧的外伸长度距墙小于 200mm，外架立面外伸长度 150mm。架体横杆顶紧边坡面。脚手板的铺设：脚手板在操作层满铺，做到严密、牢固、铺稳、铺实、铺平。搭接铺设的脚手板，两块脚手板端头的搭接长度不小于 400mm，接头处在小横杆上。

c. 剪刀撑宽度取 3～5 倍立杆纵向间距，斜杆与地面夹角 45°～60°。搭接长度 1m 且不少于 3 个扣件，最下面的斜杆与立杆的连接点离地面不大于500mm，在整个高度和长度范围内连续设置。

d. 在边坡挡墙锚杆施工完成后拆除锚杆施工操作及防护架，按照挡墙施工要求在距离挡墙 300mm 处搭设模板施工操作架，其架体立杆横距 1.5m，纵距 1.2m，大横杆步距 1.8m，距基础 200mm 设置扫地杆，架体外侧连续设置剪刀撑，斜杆与地面夹角 45°～60°。

② 锚杆施工

a. 锚杆孔测量放线

按设计要求，将锚杆孔位置准确测量放线在坡面上，孔位误差不超过±150mm。竖肋的具体长度根据实际边坡高度确定，但锚杆的位置按等分坡面的长度进行放样，其间距可适当调整。如遇既有坡面不平顺、特殊困难场地、局部破碎岩体以及基础桩身时，经设计和监理认可后，在确保坡体稳定和结构安全的前提下，适当放宽定位精度或调整锚孔定位。

b. 成孔及清孔

a）成孔顺序

高边坡处锚杆钻孔按自上而下的顺序进行施工。

b）钻机就位固定

搭设满足相应承载能力和稳固条件的脚手架平台，根据坡面测放孔位，安装固定钻机，并认真进行机位调整，确保锚杆孔开钻就位纵横误差不超过±50mm，高程误差不超过±100mm，钻孔倾角和方向符合设计要求，倾角允许误差±1.0°，方位允许误差±2.0°。锚杆与水平面的夹角一般在15°～20°之间。检查无误后固定钻机。

c）钻进方式

锚杆成孔采用干钻成孔，确保锚杆施工不至于恶化边坡岩体的工程地质条件和保证孔壁的粘结性能。钻孔速度根据使用钻机性能和锚固地层严格控制，防止钻孔扭曲和变径，造成下锚困难或其他意外事故。

d）钻孔

钻孔前检查钻机倾角和方位是否符合设计要求，再次紧固钻机，根据锚杆试验结构和多次钻孔经验，选择最优钻孔方法，确保在最佳的钻进参数下进行造孔施工。

钻进过程中对每个孔的地层变化，钻进状态（钻压、钻速）及一些特殊情况做好现场施工记录。根据钻进速度、孔口返出的岩粉和钻屑成分、钻进所需压力变化及钻杆钻进时发出的响声等判断地层的变化情况。达到设计深度后，不立即停钻，要稳钻 1~2min，防止孔底尖灭，达不到设计孔径。

为使锚杆处于钻孔中心，在锚杆杆件上沿轴线方向每隔 1.0~2.0m 安设定中架。

e）孔径与孔深

孔径不超过设计孔径的 3%，锚孔轴线顺直，成孔深度超过设计长度的 0.3~0.5m。

f）锚杆孔清理

钻孔孔壁如有沉渣及水体黏滞，必须清理干净，在钻孔完成后，使用高压空气（风压 0.2~0.4MPa）将孔内岩粉及水体全部清出孔外，以免降低水泥砂浆与孔壁岩土体的粘结强度。除相对坚硬完整之岩体锚固外，不采用高压水冲洗。

c. 锚杆体制作与防腐处理

锚杆下料在钢筋加工棚内进行，按设计要求下料，逐根检查锚杆是否损伤，随后对锚杆进行除锈处理。锚杆处理完后按锚杆长度编号，分开放置以防止施工时混乱。锚筋尾端防腐采用刷漆防腐措施处理。

d. 锚杆安装

安装前进行检查，锚杆原材料型号、规格，以及锚杆各部件质量和技术性能应符合设计要求；锚杆孔位、孔径、孔深、倾角和布置形式应符合设计要求；孔内积水和岩粉吹洗干净。

锚杆在放入钻孔之前进行除锈，而且长度误差小于 30mm，锚杆入孔之前用与锚杆相同的探头探孔，确定锚孔畅通无阻的情况后，将成型的锚杆与灌浆管一并放至钻孔底部，杆体插入孔内深度不小于设计规定的锚杆长度的 95%，注浆管内端距孔底 50~100mm，以便于注浆。

e. 锚固注浆

a）注浆材料采用 P·O 42.5 普通硅酸盐水泥配置的水泥砂浆，砂浆强度不低于 M20，同时加入 0.5%~1.5%（水泥质量比）的膨胀剂和一定量的早强剂配置的纯水泥净浆，水灰比 1：1，其可灌性好且对锚杆不会产生腐蚀。

b）注浆浆液搅拌均匀，随搅随用，浆液在初凝前用完，并严防石块、杂物混入浆液。

c）注浆作业从孔底开始，将均匀搅拌好的砂浆用灌浆泵从锚杆中的灌浆管注入孔底，随着浆液的灌入，逐步将灌浆管向外拔出直至孔口，拔管过程中保证管口始终埋在水泥浆内。待孔口溢浆，即停止注浆。

d）实际注浆量以锚具排气孔不再排气且孔口浆液溢出浓浆作为注浆结束的标准。注浆压力、注浆数量和注浆时间根据锚固体的体积及锚固地层情况确定，直至注满为止。注浆压力不低于 0.4MPa。

2）高边坡混凝土挡墙施工技术

① 基础开挖

确定挡墙所在位置和轴线，按设计图纸尺寸开挖基槽范围，精确放出墙角大样尺寸，然后开挖。对原边坡凹陷较低的基础地段，采用同强度等级的混凝土回填。

② 混凝土挡墙施工

a. 脚手架措施

按照挡墙施工要求在距离挡墙 300mm 处搭设模板施工操作架，其架体搭设要求为：立杆环距 1.2m，径距 0.8m，大横杆步距 1.8m，外侧 0.9m 加设腰杆，立杆高出操作面 1.5m。距基础 200mm 高设置扫地杆，架体外侧连续设置剪刀撑，斜杆与地面夹角 45°～60°。小横杆两端采用直角扣件固定在大横杆上，靠墙一侧的外伸长度距墙不大于 200mm，外架立面外伸长度 150mm。

脚手板的铺设：脚手板在操作层满铺，做到严密、牢固、铺稳、铺实、铺平，严禁留长度超过 150mm 的探头板。搭接铺设的脚手板，两块脚手板端头的搭接长度不小于 400mm，接头处必须在小横杆上；外立面满挂密目安全网。

b. 挡墙模板施工

挡墙最下端 1.8m 高范围内采用单边支模，混凝土原槽浇筑。模板采用九层板，背楞为 8 号槽钢间距 300mm 和钢管间距 700mm，$\phi16$ 对拉螺杆，对拉螺杆间距 1m，采用三道钢管斜撑加固，钢管斜撑水平间距 1m。侧立面示意如图 3-3 所示。

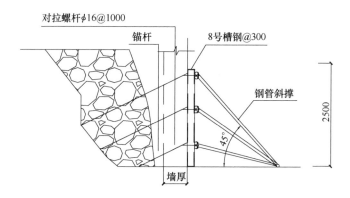

图 3-3　挡墙模板侧立面示意图

挡墙 1.8m 高以上范围采用双边支模，按 3m 一个施工高度进行混凝土浇筑施工，最后一次与结构看台一起浇筑。脚手架作为支撑体系，模板采用 18mm 厚九层板，背楞为 $\phi48$ 钢管和 50mm×100mm 的木方，采用 $\phi12$ 高强对拉螺杆和斜撑加固。木方水平间距 300mm，钢管垂直间距 600mm。$\phi12$ 高强对拉螺杆间距为 500mm×500mm。

挡墙支模、高强对拉螺杆布置示意如图 3-4 和图 3-5 所示。

c. 混凝土墙钢筋与锚杆的连接

将对拉螺杆焊接在已施工完成的锚杆上，当锚杆间排距均为 2000mm 时，对拉螺杆水平和竖向的间距均为 1000mm；当锚杆间距为 2000mm，排距为 1500mm 时，对拉螺杆水平间距为 1000mm，竖向间距为 750mm。钢筋与锚杆的连接示意如图 3-6 所示。

d. 混凝土浇筑

挡墙最下端 1.8m 高范围内采用混凝土原槽浇筑，1.8m 高以上范围采用每 3m 一个施工高度进行混凝土浇筑施工，最后一次混凝土与结构看台一起浇筑，使挡墙与看台连接成整体。

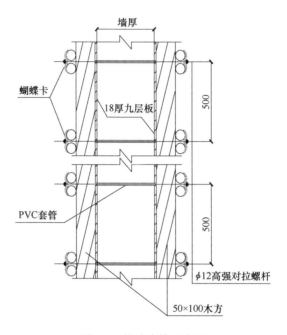

图 3-4   挡墙支模示意图

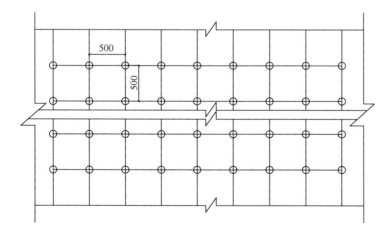

图 3-5   高强对拉螺杆布置示意图

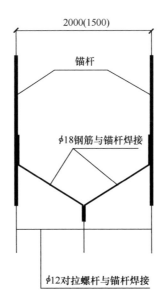

图 3-6　钢筋与锚杆的连接示意图

③ 回填

边坡与挡墙之间的空隙采用毛石混凝土回填，分层振捣，每次浇筑高度不大于 2m。丢抛毛石注意锚杆保护，尽量避免在锚杆的上方抛毛石。对于泄水管的保护，采取在预留 PVC 管处支设 400mm 宽从底至顶的模板，浇筑素混凝土进行保护，防止抛石时将其砸破。

3）依山而建实体看台施工技术

① 依山而建实体看台方案设计优化

依山而建实体看台采用建筑做法，没有结构，直接在基岩上做 250mm 厚 C15 混凝土垫层，再做 C20 混凝土台阶，台阶混凝土中掺聚丙烯纤维抗裂，配 $\phi8@200mm$ 双向钢筋网。

为保证依山而建实体看台的稳定性，基岩实体看台下采用 $\phi25$ 插筋，间排距 1.5m，呈梅花形布置，深入基岩 1.5m，上部留至看台钢筋网，与看台钢筋焊接连接。实体看台设计做法见图 3-7。

② 依山而建实体看台主要施工技术

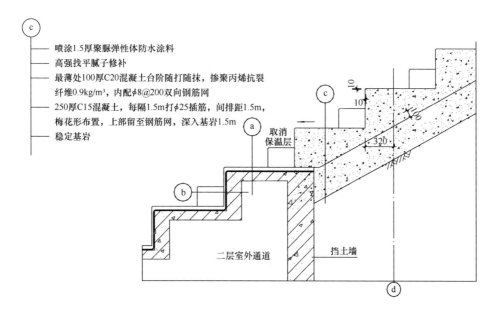

图 3-7　实体看台设计做法

a. 边坡上松石清理。

高边坡上存有部分松散石块,为确保施工安全,先将该部分石块人工清除。具体操作是将安全绳牢靠系于罩棚抗拔桩钢筋上,作业人员身系安全绳下至松石部位,用撬棍将松石清理下来,严禁交叉作业。

b. 看台欠挖部分分层微差爆破及基底 500mm 范围内人工凿除施工技术和边坡施工成型控制技术相同。

c. 基底插筋施工、看台垫层、钢筋混凝土看台及面层采用常规施工技术。

3.3　大截面 Y 形柱施工技术

在一些大型体育场馆的设计中,其主体通常都是由钢筋混凝土构成的框架结构,或是框剪结构。在顶层楼板与上层环形梁连接时,通常会采用大截面形式的异形柱结构,大截面 Y 形柱就是主要被采用的一种。下面将介绍大截面 Y 形柱及大悬挑清水斜梁的关键施工技术。

3.3.1 施工流程

体育场馆大截面 Y 形柱施工工艺流程：根据 Y 形柱尺寸确定模板和支撑脚手架系统方案→搭设脚手架和模板→对大斜梁支撑体系做堆载试验→混凝土浇筑、养护、拆模。

3.3.2 施工技术

施工的关键技术一是解决模板支撑体系问题，因为混凝土自身将对斜向构件的下部产生较大的水平推力，给其模板支撑带来困难；二是解决超重结构对支撑架子的影响。采用自重平衡水平推力原理和堆载预压法解决斜向构件混凝土产生的巨大水平推力，巧妙利用拉、撑和"借力"等手法，并据此确定模板支撑系统和支撑方案，使成品达到清水混凝土要求，形成具有自身特点的施工技术。主要措施如下：

（1）对 Y 形柱进行现场测量定位放样，掌握每根柱子的准确尺寸，根据所确定的尺寸加工制作模板，保证 Y 形柱的几何尺寸（图 3-8）。

图 3-8　Y 形柱实物图

（2）对所采用的模板体系进行充分计算论证，全钢大模板支撑体系采用 $\phi48mm\times3.5mm$ 脚手管搭设满堂脚手架，立杆间距和横杆排距根据施工段产生倾覆力的不同而分别设置。为保证架体的整体稳定，在纵横轴线从二层平台往上至梁板底设置环向与径向垂直支撑，垂直支撑立杆均支设在已浇筑的疏散平台上，疏散平台下部用钢管进行顶撑。

（3）为解决大斜梁施工时在下端部对边柱产生的弯矩，大斜梁施工中设三道施工缝，分成四段施工。当部分混凝土达到一定强度并足以抵抗大斜梁混凝土施工时产生的水平推力，再施工其上部大斜梁混凝土，充分利用下部已完成的结构来保持整个结构的稳定（图3-9）。

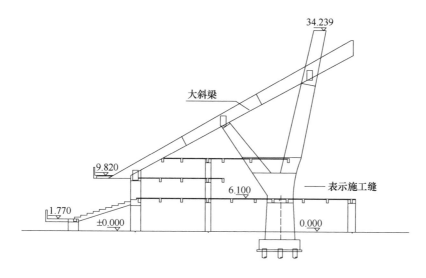

图3-9 大斜梁施工示意图

（4）由于Y形柱与大斜梁节点处钢筋绑扎密集，错综复杂，为提高操作工人的熟练程度，在施工前制作1：2的实物模型，让工人了解节点处钢筋的穿插方向，提高施工质量和现场的工作效率。

（5）为减小在施工过程中模板和支撑产生的变形和下沉，在浇筑混凝土前对模板体系进行等荷载预压，同时起到检验模板支撑系统是否稳定的作用。堆载物为现场钢筋，加荷制度采用分级加荷，第一级加载至施工时的 80％，第二级加载至施工时的 100％，第三级加载至施工时的 120％。荷载值根据钢筋规格经计算而定，用就近的塔式起重机沿着大斜梁斜长方向从下而上缓慢地进行，每次加载完毕，观测各点的相对高程并统计出架体的最终沉降量，同时分析架子的稳定性能。

（6）做好混凝土的配合比试验，对混凝土的坍落度、初凝时间和终凝时间都要有明确的要求，由于大斜梁具有一定的倾斜度，为防止混凝土溢出，施工时要严格控制浇筑速度。

3.4　变截面 Y 形柱施工技术

一些大型体育场馆的设计中，在顶层楼板与上层环形梁连接时，通常也会采用变截面形式的异形柱结构。

3.4.1　施工流程

体育场馆变截面 Y 形柱施工工艺流程：确定模板和支撑脚手架系统方案→搭设脚手架和模板→对大斜梁支撑体系做堆载试验→混凝土浇筑、养护、拆模。

3.4.2　施工技术

（1）模板和支撑脚手架系统方案的确定

施工方案重点围绕模板和支撑脚手架设计进行。

1）模板构造设计

确定模板体系面层，一般可采用竹胶板，主龙骨为 $\phi 48mm \times 3.5mm$ 钢管，主次龙骨用对拉螺栓固定，支撑体系由主龙骨直接将力传给钢管脚手架。

2）大斜梁施工段划分

大斜梁在施工过程中，混凝土自重产生轴向力和水平剪切力，其轴向力和水平剪切力一般较大，为抗衡其水平推力，可采用 $\phi48\text{mm}\times3.5\text{mm}$ 脚手管搭设满堂红脚手架，立杆间距和横杆排距分两种情况搭设，位于 Y 形柱悬挑的大斜梁投影范围内区域的模板支撑采用碗扣式多功能脚手架，因为该施工段是产生倾覆力最大的位置，其支撑杆间距根据计算确定，框架梁及环梁部位、Y 形柱分叉以下和分叉以上部位应有所不同。其水平杆与已浇的柱混凝土连接采用双钢管、双扣件固定（此部位混凝土专门安排提前浇筑完成）。

位于 Y 形柱分叉以内即未悬挑部分的大斜梁的支撑采用普通钢管脚手架。

3）脚手架设计计算

① 斜挑大梁自重计算并折算成水平投影荷载；

② 模板自重计算，折算成水平投影荷载；

③ 施工活荷载取 $q_4 = 300\text{kg/m}$；

④ 计算脚手架每根立杆的竖向传递荷载；

⑤ 立杆验算，计算长度系数 μ 取 1.25，每根立杆的容许应力大于钢管的设计应力。

4）脚手架下部支撑体系方案确定

该工程斜向构件位于高空，一般下部另有楼层结构，施工时，其脚手架均搭设在其结构平台上，脚手架下端的荷载较大，脚手架的支撑，应考虑其下结构层的安全。一般考虑在上部脚手架对应的下部楼层搭设支撑体系，将上部荷载连续传递至基础地梁。

通过计算，确定方案如下：

① 上部脚手架系统搭设，必须在结构平台混凝土强度达到设计强度的 100% 时方可进行。

② 在结构平台下层加钢管撑，该钢管撑下撑在基础梁上或加固后的下部基础上，上顶在结构平台主梁下。

（2）搭设脚手架和模板

1）脚手架搭设

脚手架搭设按下列顺序施工：

放置纵向扫地杆→自柱根部起依次向外竖立底立杆，底端与纵向扫地杆扣接固定后，装设横向扫地杆，也与立杆固定，每边竖起3～4根立杆后，随即装设第一步大横杆和小横杆，校正立杆垂直和大横杆水平，使其符合要求后，拧紧扣件，形成构架的起始段→按上述要求依次向前延伸搭设，直至第一步架交圈完成。交圈后，再全面检查一遍构架质量→设置连柱、梁杆件→按第一步架的作业程序和要求搭设第二步，依次类推，随搭设进度及时装设连墙件和剪刀撑→装设作业层间横杆、铺设脚手板和装设作业层栏杆、挡脚板或围护，挂安全网。

2）模板支设

按图纸放出梁、柱位置，根据立杆间距弹支撑位置线并做适当调整，使上下立杆能大体在同一垂直线上，现场放出模板拼装大样图。

当柱、梁钢筋绑扎完毕，隐蔽验收通过后，便进行竖向模板施工，首先在底部进行标高测量和找平，然后进行模板定位卡的设置和保护层垫块的安放，设置预留洞，安装竖管。

梁板模施工时先测定标高，铺设梁底板，弹出梁线进行平面位置校正、固定。

对竖向结构，在其混凝土浇筑48h后，待其自身强度能保证构件自身不缺棱掉角时，方可拆模。梁板等水平结构早拆模板部位的拆模时间，应通过同条件养护的混凝土试件强度试验结果结合结构尺寸和支撑间距进行验算来确定，混凝土强度应达到设计值的100%。

3）大斜梁支撑体系堆载试验

① 试验要求

脚手架系统的安全检测是通过对脚手架立杆杆件上部和中部沉降量观测，分析杆件的弯曲度，最终确定其安全性。

② 试验依据

a. 节点施工图；

b. 《混凝土结构工程施工质量验收规范》GB 50204—2015；

c. 体育中心看台扇形斜梁、Y 形柱施工方案。

③ 荷载统计

a. 大斜梁自重;

b. 模板自重;

c. 施工活荷载(沿梁斜长线载);

d. 80％的荷载、120％的荷载。

④ 堆载与卸载

a. 堆载前的准备

在做堆载前,按照施工方案要求加固平台,搭设脚手架,按照图纸要求铺设大斜梁底模板,架体底部垫实,经自检并请现场监理验收合格,方可开始堆载。

在堆载前,应抽测梁底立杆上部及中部相对高程,看杆件曲率,做好观测记录。此立杆原则上位于试验段两段和中间,并逐一编号,用油漆对测设点进行标记。

b. 堆载

堆载物可为现场钢筋或其他物品。加荷制度采用分级加荷,荷载值根据钢筋规格经计算而定,用就近的塔式起重机沿着大斜梁斜长方向从下而上逐层加载至施工时的 80％,用精密水准仪观测同一立杆同一部位的相对高程并做记录,同时统计出加载 80％后所测立杆沉降量。经对测量数据分析符合要求后,再逐步加载至施工时的 100％,再一次观测各支撑杆件相对高程并统计出沉降量,分析测量数据。分析结果符合要求后,进行第三次加载,缓慢地逐步加载至施工时的 120％。加载完毕,观测各点的相对高程并统计出架体的最终沉降量。在堆载过程中,载物应缓慢地落于梁底模板上,不得有任何冲击,并不得有其他支撑。在堆载过程中有专人观测架体变化,发现异常情况立即停止加载,分析原因,进行加固处理后方可继续。

c. 卸载

当堆载达到规定要求且架体沉降稳定后,开始卸载。卸载时沿着大斜梁从上至下逐层逐步卸载，卸载完毕后，再一次观测架体相对高程，并与加载前对比。

⑤ 测点布置

根据脚手架计算结果和不同的脚手架体系，确定测点。

⑥ 测量数据分析

根据测量记录，比较各杆件的沉降量，并分析原因；根据测量记录，分析脚手架各杆件上部测点和中部测点的沉降量是否有变化，从另一个角度验证对脚手架的计算结果，说明脚手架支撑系统的安全性。

（3）混凝土浇筑、养护、拆模

Y形柱和悬挑大斜梁混凝土浇筑质量是混凝土工程施工质量的关键所在，特别是该构件长、断面大，结构设计钢筋配置密集，这些都给混凝土浇筑带来一定困难。施工中必须严密组织，精心操作，以确保混凝土的浇筑质量。

混凝土固定输送泵直接将混凝土输送至混凝土浇筑点，减少混凝土运输中水灰比的变化几率，确保混凝土的质量。

混凝土浇筑严格按施工顺序进行：接到混凝土浇筑令后，对模板充分浇水，先泵送与混凝土同级配的砂浆，对混凝土进行分层浇筑振捣，每层控制在 40～50cm 之间，按事先设计好的分段定点一个坡度，分层浇筑，循序推进，一次到位，保证混凝土浇筑的连续性。

混凝土浇筑时，控制其坍落度。由于构件均为斜向构件，因此坍落度过大不利于斜向构件的浇筑。另外在拌合物中可掺加适量的粉煤灰，以减少水泥用量，改善混凝土和易性。

为确保混凝土表面接缝整齐、紧密、无缝，在模板与模板拼缝处可采用海绵条挤压填实等方法，防止漏浆。

施工缝的处理严格按规范规定进行，在后续混凝土施工前，对接缝处必须先清洗润湿，后浇筑 10～15mm 厚与混凝土同配合比的砂浆，再进行施工。

混凝土养护是保证混凝土质量的一个重要组成部分。为保证混凝土强度的正常增长，防止混凝土表面出现裂缝，在混凝土浇筑后即用草袋覆盖，在 7d

内确保草袋湿润。

　　混凝土拆模时间应根据留置的混凝土同条件养护试块强度确定，侧模板则可在混凝土浇筑后 2d 拆除。模板拆除后应继续养护混凝土。

3.5　高空大直径组合式 V 形钢管混凝土柱施工技术

3.5.1　施工流程

　　高空大直径组合式 V 形钢管混凝土柱施工工艺流程见图 3-10。

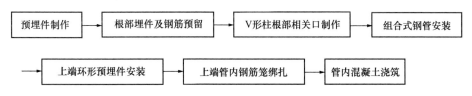

图 3-10　高空大直径组合式 V 形钢管混凝土柱施工工艺流程图

3.5.2　施工技术

　　（1）钢管和预埋件加工

　　1）预埋件加工

　　柱下端预埋件采用钢板加工成"8"形，中间为 2 个圆形相交的孔洞，并在钢板边缘上焊接锚筋，如图 3-11 所示。"8"形预埋件加工精度要求高，几

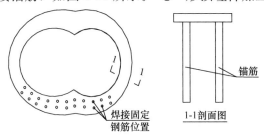

图 3-11　柱下端预埋件示意图

何尺寸偏差不能超过 5mm，平整误差不得超过 5mm，水平度误差不得超 1/1000，为了确保上述精度要求，预埋件的相关尺寸采用计算机放样确定。为了防止焊接锚固钢筋时预埋钢板变形，在焊接时利用夹具将"8"形预埋件的边缘钢板固定在 40mm 厚的钢板上，在焊接固定锚筋时，采用对称施焊的焊接方法，确保"8"形预埋件的加工质量。

环形预埋件加工时，同样在边缘板上焊接锚筋、中间呈圆孔，主要是边缘钢板的加工要根据钢管圆柱周边不同位置和不同标高才能确定，下料加工时同样采用计算机放样，确定相贯线后再制作加工，制作方法与"8"形预埋件基本相同。

2）钢管验收

钢管运到现场后，用自制扇形靠尺检查钢管椭圆度，用游标卡尺检查钢管壁厚，用拉线的方法检查钢管的直线度，并检查拼接焊缝超声波探伤检测报告。

3）V 形柱根部相贯口制作

为确保钢管在吊装时对准连接，要严格按相贯线要求，准确加工制作 V 形柱根部的相贯口。相贯口制作要求几何尺寸偏差不超过 5mm，相贯口组合后焊口宽度偏差不超过 5mm。V 形柱根部相贯口加工制作如图 3-12 所示。

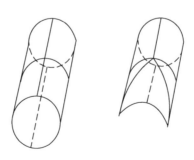

图 3-12　V 形柱根部相贯口加工制作示意图

各相贯口采用电脑放样，将电脑放样绘制出的相贯线在钢管上反映出来，然后沿相贯线进行切割，制作钢管的连接段相贯口。

具体操作方法是，先沿管周将管外圈弹出纵向四等分线，此等分线作为绘制相贯线和钢管就位的基准线。以基准线为参照线描绘各相贯线。制作立管三通相贯口时，应按负误差控制，才能确保对口焊接质量。

（2）组合式钢管混凝土柱钢管安装

1）预埋件及锚接钢筋安装

在浇筑钢管混凝土柱下部楼面混凝土之前，必须将 V 形柱相应的"8"形预埋件和锚接钢筋准确安装完毕。

首先安装就位"8"形预埋件，再施工斜柱锚接钢筋，封 V 形柱根部梁的侧模，最后绑扎柱根部的楼板钢筋。"8"形预埋件就位前在预埋钢板上标注出相互垂直的就位轴线，在楼板的模板上也制作出相一致的轴线，经检查核对无误后，通过相近的梁柱钢筋焊接固定，安装"8"形预埋件。

对锚固钢筋的安装，预先用电脑计算放样，在电脑上设计出所有钢筋的位置和安装角度，按电脑设计结果到现场制作安装。要求斜向钢筋与立面夹角必须准确，按所有箍筋距钢管内壁为 20mm 控制。

在浇筑楼面混凝土时，必须确保"8"形预埋件位置、标高的准确和预埋件钢板表面的水平，混凝土振捣必须密实，同时对混凝土浇筑高度进行严格控制。

2）钢管吊装

施工时采用汽车起重机将管件及桅杆垂直运输到楼面上。通过滚杠将钢管滑移到要求安装位置，用三脚架将管件、预埋件装卸就位，采用桅杆对钢管进行起吊安装。

① 立管和斜管分别一次安装就位

根据钢管的高度，采用一定高度的桅杆先吊装垂直钢管。待垂直立管焊接完成后再吊装斜管。斜管就位的难点是吊起后斜穿 2.5m 长锚接钢筋笼。施工时采用一个吊钩固定两个吊耳，在下端的吊耳上安装一只可调长度装置（捯链）。立管根部也安装一只捯链，通过捯链调整斜管的角度，使斜管顺利插入已安装好的斜向锚筋内。斜管安装如图 3-13 所示。

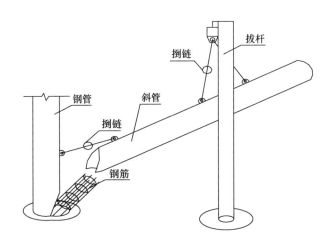

图 3-13　斜管安装示意图

② 钢管安装焊接

焊接前在预埋钢板上预先开坡口，对口时将钢管放在"8"形预埋件的圆孔相应位置，使钢管对接准确方便，保证坡口焊的顺利进行。为防止焊接方法不当造成焊接变形使钢管产生倾斜和偏移，根据环形焊口的特点，采用等宽焊口、相同焊接遍数，相同焊接速度、分段、对称施焊的方法进行焊接。

③ 斜管测量定位

利用电脑模拟试验，将斜管上端中心坐标点引到管外边缘，作为理论定位观测点，施工时将斜管投影中心线在斜管及楼面弹出，在楼面斜管投影中心线上标出理论观测点在此线上的投影点，并计算出理论观测点到其投影点的距离。在楼面上投影点处画出投影线的垂直线，在垂线上安装全站仪并测出其到垂足的距离，确定理论观测点的视角。在斜管中心投影线上安装经纬仪。利用全站仪控制斜管上下位置，利用经纬仪控制斜管左右位置。斜管测量定位如图 3-14 所示。

④ 斜管支撑制作与安装

由于斜管较长，在拆除桅杆之前须对斜管进行临时支撑和拉杆固定。在斜管 1/2 高度位置焊接水平拉杆，变 V 形为三角形。斜管下支撑用 2 个 DN200 钢管组成八字形撑脚，支撑位置距管顶不超过 6m，确保了浇筑混凝土时斜管

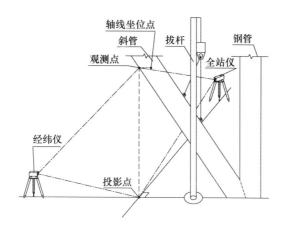

图 3-14　斜管测量定位示意图

的安全与稳定。用钢管作支撑时，钢管与斜管交接处，按相贯线切割后进行施焊。在垂直支撑的底部用 14mm 厚钢板铺设在楼板框架梁位置。在承受支撑力的梁的下层相应位置增加加固支撑，确保楼面结构安全。

⑤ 上端环形预埋件安装

在垂直立管和斜管安装后，进行钢管混凝土柱上部斜梁施工，斜梁下部安装环形预埋件，使钢管的端部通过环形预埋件焊接，与混凝土斜梁固定。

（3）管内混凝土施工

1）混凝土等级和配合比设计

宜选用高性能混凝土且必须符合设计要求。对于 C40 混凝土，每立方米材料用量为：P·O42.5 水泥 410kg、2.5 江沙 688kg、5～31.5 石子 1077kg、JM-8 外加剂 6.44kg（具有缓凝、泵送和高效增强作用）、水 175kg、Ⅱ级粉煤灰 50kg、聚丙烯纤维（丹强丝）0.8kg。

2）管内混凝土浇筑

① 采用泵送混凝土输送到位，先浇筑垂直立管混凝土，后浇筑斜管混凝土，直管内混凝土分两次浇筑完成，第一次先浇筑到管顶锚接钢筋以下，然后安装钢管顶端锚接钢筋，第二次浇筑到斜梁底部。斜管内混凝土分三次浇筑，

第一次浇筑到斜管支撑部位，3d后再浇筑斜管支撑部位到锚接钢筋下的混凝土，然后安装斜管顶端锚接钢筋，再进行第三次，浇筑到斜梁底部。

②采用高位抛落振捣法。混凝土用输送泵自钢管上口灌入，根据钢管的高度，特制插入式振动棒进行振实。在钢管横截面内分布三个振捣点，使振动棒的影响范围将管内混凝土面全部覆盖，每次振捣时间不少于60s。混凝土一次浇筑高度不得大于2m。钢管内的混凝土浇筑工作要连续进行，为保证浇筑质量，操作人员及时在管外用木槌敲击，根据声音判断是否密实。

③在浇筑垂直立管混凝土时，混凝土会从斜管岔口进入斜管内，随着立管混凝土的浇筑高度升高，斜管内的混凝土也随着上升，根据施工时用木槌敲击斜管的经验，斜管内混凝土上升到2m左右就基本稳定。待垂直立管混凝土浇筑到梁底后，再进行斜管内混凝土浇筑。

3.6 异形尖劈柱施工技术

3.6.1 施工流程

异形尖劈柱施工工艺流程如图3-15所示。

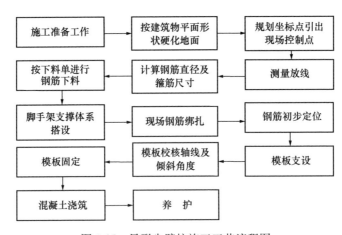

图3-15 异形尖劈柱施工工艺流程图

3.6.2 施工技术

（1）尖劈柱测量定位坐标点的计算和施工

以某工程为例，根据柱子的特点，需要计算数据如下：

某施工段上截面竖向轴线处半径 $R=56+1.6+\Delta H \times \tan 20°$（$\Delta H$ 为该截面与 ± 0.000 处的高差）。

该柱底模上截面横向轴线处半径 $R'=R+0.65/\cos 20°$（其中 0.65 随柱侧模截面尺寸的变化而变化）。

该柱某施工段柱底模横向轴线处坐标 $X=R' \times \cos I$

$Y=R' \times \sin I$（I 为圆心到排柱水平轴线方向的方位角，其中角度均以弧度表示）。

该柱的施工难点在于测量放线与轴线控制，首先要保证横向轴线不偏位，其次要保证竖向轴线斜率正确。测量的方法主要是采用全站仪坐标放样法。全站仪空间定位是先定柱底模上口横向轴线的坐标（图 3-16）。如图 3-17 所示，在场馆周围一圈硬化过的水泥地面上放置每根柱子的水平横向轴线，弹墨线加以标示，在墨线的一侧刷小三角红油漆使其更加明显。

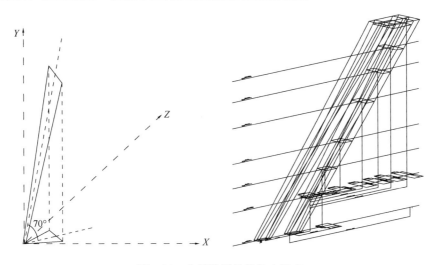

图 3-16　尖劈柱测量定位坐标点

　　根据每根柱子水平横向轴线，即每根柱子的投影线来控制柱子的支撑位置，在第一节段＋3.45m位置，靠铅锤来投影下边控制线上该底模上的控制点来控制底模上口位置，底模下是按事先弹好的墨线来控制的，底模控制好是关键。

图 3-17　底模实物图

　　侧模按图纸计算尺寸加工，根据已弹线来安装侧模与盖模，侧模与盖模是靠底模来控制的。模板安装好之后，木工先吊线保证柱子的大概位置，进行初步加固。吊完线之后用全站仪校核柱子位置的正确性。这一步是关键之处，考虑到格构式框架构件钢管扣件支撑体系及安全防护网的影响，在现场水平地面测量时测量视线必将受到影响。利用周边有利条件在工程周围三栋楼的楼顶测量导线坐标。

　　如图3-18所示，在三个楼顶上的四个控制点上架设全站仪基本上满足了通视的要求，为测量工作的顺利进行奠定了基础。由＋3.45m向上每个截面施工段采用同样的方法依次向上施工，采用全站仪进行空间定位，再利用原始点进行复核。由此可确保测量成果的正确并提高其精确性。

　　（2）钢筋的变截面变根数及箍筋变尺寸的计算和施工

　　尖劈柱竖向钢筋根据每段施工高度进行放样，钢筋箍筋采用计算机辅助放样。钢筋加工前应采用比例方法计算出每段施工标高处尖劈柱截面尺寸，按计算后的截面尺寸对应图纸设计进行配筋下料制作，制作后，分门别类挂好标识

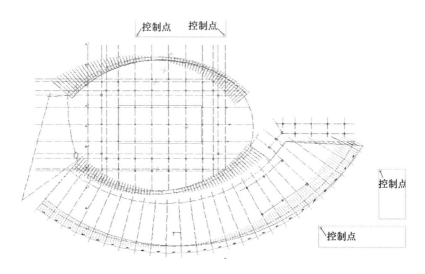

图 3-18　测量导线坐标示意图

牌，整齐捆绑堆放。

充分发挥计算机辅助管理和应用软件的强大功能，采用录入基本数据、编制程序的方法，极大地减少计算数据工作量，且可确保计算结果的准确性。

1）钢筋下料和制作。

尖劈柱钢筋工程的难点在于柱子随高度增加的同时截面也随之变化，而每个截面范围的配筋也不相同，因此给钢筋下料和加工制作增加了难度。

2）钢筋的安装及临时固定。

钢筋安装前，核对成品钢筋的钢号、直径、形状、尺寸和数量是否与料单、蓝图相符，钢筋安装要严格按设计施工图和计算出的截面配筋进行，必须保证钢筋间距、位置正确，绑扎点要牢固。

3）钢筋绑扎时由于钢筋自重会产生挠度，在钢筋安装后，采用两根钢丝绳将其绑扎于尖劈柱上端部，固定在已搭设完毕的脚手架或附近牢固的刚性结点上。

4）钢筋隐蔽验收工作。

尖劈柱钢筋隐蔽验收必须在模板支设前进行，并办理完验收手续；同时参

57

与隐蔽的水电管线也应验收并办理相应手续。

（3）异形尖劈柱的模板支设

尖劈柱经空间变形后为T形截面，截面控制的重点是T形的阴角，正常拼装模板在该位置加固过紧则截面容易变小，加固过松则容易变形。为保证截面尺寸和方位，模板采用芯模的加工方法，这样既能解决模板变形问题，又减少了加固及校正尺寸的难度，最大程度保证截面，如图3-19所示。

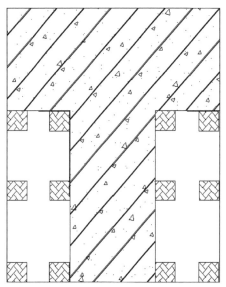

图3-19　异形尖劈柱的模板支设示意图

工程测量人员对每一根柱子进行定位，包括柱根部定位和施工标高位置定位，并将尖劈柱图心方向对应半径向较远处硬化地面引出，同时在脚手杆上用水准仪定好标高控制线，用油漆标识，为将来精确校核做好准备。木工作业人员按柱根定位线，做好根部定位筋，为尖劈柱支模做好准备。

（4）尖劈柱支撑体系搭设

1）尖劈柱支撑体系受力分析及计算

对脚手架的支撑体系进行计算，主要考虑水平力引起的结构位移。

2）尖劈柱支撑体系的搭设

体育馆结构呈椭圆形分布，外围用于承重和围护的尖劈柱倾斜角度不一、高度也不同，尖劈柱的支撑体系采用全封闭格构式框架构件钢管扣件支撑体系。

经计算立柱间距 1m、横杆间距 1m，在尖劈柱与脚手架相连接处立杆和水平杆适当加密，增设立杆、小横杆，以保证尖劈柱的弹性变形最小，小横杆间距不大于 500mm，每隔 3 根立杆设置一道剪刀撑，沿架体轴线方向搭设剪刀撑，确保架体的整体稳定性。具体布置如图 3-20 所示。

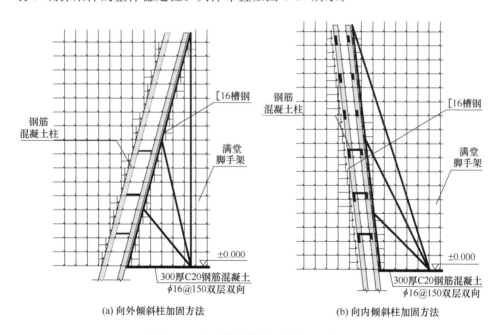

(a) 向外倾斜柱加固方法　　　　(b) 向内倾斜柱加固方法

图 3-20　尖劈柱支撑体系的搭设示意图

在向外倾斜的每根尖劈柱的外侧沿柱子倾斜方向长度和柱子的水平投影为两边构架一个直角三角形支架，在向内倾斜的每根尖劈柱以柱子倾斜方向长度的柱子的水平投影为两边在柱子外侧构架一个钝角三角形支架，三角支架底部槽钢采用预埋件与下部钢筋混凝土连接，三角支架沿柱子倾斜方向的槽钢作为混凝土柱支模、浇筑时的支撑体系和标杆，三角支架的竖直边采用 $\phi200$ 圆钢管，并且支撑每根柱子的三角支架相互连接，自身形成一个稳定的支撑体系，再将每个三角支架与外部的脚手架焊接，以保证整个尖劈柱支撑体系的稳定性。

满堂脚手架采用可锻铸铁制作的扣件，梁底水平托管采用双扣件。搭设完毕后，由专职质检员和专职安全员进行验收，合格后方可进行下道工序施工。

3）脚手架的防护

脚手架水平方向采用平网防护，底层和操作面外架设挡脚板，挡脚板高度为 180mm。脚手架立面方向采用 1.5m×6.0m 密目式绿色安全网，并搭设斜道。斜道脚手板的防滑条间距不应大于 300mm。

为保证周边环境的安全，所有脚手架的外侧实行全封闭防护：用尼龙绳将密目网绑扎在脚手架的外立面上。

外脚手架坐落在 C20 混凝土上，为防止不均匀沉降，在脚手架立杆底部安放 500mm×500mm×60mm 专用钢筋混凝土垫板，内配 $\phi14@150$mm 双向钢筋网（混凝土强度等级 C20）。

脚手架与建筑物应有可靠的拉结，看台及看台环梁与脚手架连接，独立柱用满堂脚手架支撑。

（5）混凝土浇筑

1）尖劈柱与顶部环梁连系为一体，为缓解内力变形，避免整体位移，浇筑时从中间向两侧间隔地进行。

2）采用商品混凝土，在运输过程中须防止离析及产生初凝现象。

3）模板精确校核完，并经测量部门逐一确认后，由技术质检部门联合对柱子轴线位置和空间角度按柱编号逐一进行复检。

4）混凝土浇筑前，先将与下层混凝土结合处凿毛，在混凝土浇筑前先在底部浇筑 100mm 厚的与混凝土配合比相同的水泥砂浆。

5）混凝土一次性浇筑高度不超过 3m，设置钢板斜槽防止混凝土离析，采用振动棒配合橡胶锤敲击的方法，直至模板周边均有混凝土浆流出。

6）混凝土在浇筑完 12h 内，要加以覆盖并浇水养护，常温时每天浇水两次，养护时间不少于 7 昼夜；排架柱拆模后用塑料薄膜包裹养护。

3.7　永久模板混凝土斜扭柱施工技术

3.7.1　施工流程

永久模板混凝土斜扭柱施工工艺流程见图 3-21。

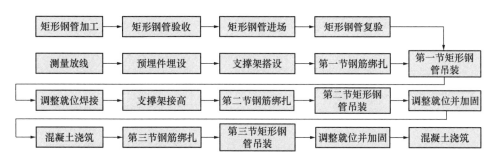

图 3-21　永久模板混凝土斜扭柱施工工艺流程图

3.7.2　施工技术

（1）测量工程

钢管柱参数为楼面标高处的中心坐标及斜柱的自转角度，故测量仪器采用全站仪。通过内业计算推导出斜柱角点坐标和标高之间的函数关系：$(x, y) = (k_1 z, k_2 z)$（其中 x、y 为斜柱角点坐标，z 为标高，k_1、k_2 为取决于自转角度和倾斜角度的系数）。此公式的优点在于：可以使模板的设计不必要求上口交点在一个平面上。

钢管斜柱的施工测量主要分内业计算和现场施测两部分。

1）现场施测

放样时选择控制点，全站仪架设在控制点上，根据内业计算结果，在放样楼层平面上放出斜柱底四个角点 A1、B1、C1、D1 的坐标及斜柱顶的四个角点 A2、B2、C2、D2 的坐标，然后弹出柱子边线、柱模边线及柱模控制线，

61

用于柱子钢筋绑扎、模板支设及支模后对模板的校核。柱顶的相贯点、线用吊线坠的方法引测。

2）钢管斜柱柱顶的高程控制

钢管斜柱柱顶的四个角点 A2、B2、C2、D2 的坐标与斜柱的高度有关，即与 $|z_2-z_1|$ 有关。现场实施时，将 A2、B2、C2、D2 四点放样到楼面的同时，用线坠和 50m 钢卷尺量测 z_2 或 $|z_2-z_1|$ 确定斜柱柱顶，保证 A2、B2、C2、D2 的坐标与斜柱高度同步。

测量工程贯穿于钢管斜柱施工的始终，主要有支撑架体的定位、模板的定位、模板的复核、混凝土浇筑后的校核等，此工艺分别在钢筋工程、模板工程、混凝土工程中进行阐述。

（2）矩形钢管加工

1）钢材在使用前应矫正其变形，并满足偏差要求，接触表面应无毛刺、污物和杂物，以保证构件的组装紧密结合，符合质量标准。

2）根据楼层参数确定分节标高，分节原则为保证每节钢管的质量在塔式起重机的允许吊装范围之内，根据分节标高计算加工长度，用数控火焰切割机进行下料。

3）为保证柱身钢板拼装准确，需制备组装胎模，组装顺序为：首先以上盖板为基准，然后放出横隔板与侧腹板的装配线，进行 U 形组立，最后组装下盖。

4）点焊时所采用焊材与焊件匹配，焊缝厚度为设计厚度的 2/3 且不大于8mm，焊缝长度不小于 25mm，位置在焊道以内。

5）箱体结构整体组装在 U 形结构全部完成后进行，先将 U 形结构腹板边缘矫正好，使其不平度＜$L/1000$（L 为长度），然后在下盖板上放出腹板装配定位线，翻转与 U 形结构组装，采用一个方向装配，定位点焊采用对称施焊法。四块钢板拼装焊接均为内坡口，上下节柱拼装对接为外坡口焊缝。

6）柱身主体焊接采用埋弧自动焊，加劲板焊接采用电焊机手工焊接，最后一面隔板焊接采用 CO_2 气体保护焊的方法进行，焊接设置引弧板。矩形钢管柱焊接完成后进行调直矫正，后用端头铣床进行端头切割。

7）采用专用除锈设备，进行抛丸除锈可以提高钢材的疲劳强度和抗腐能力。除锈使用的磨料必须符合质量标准和工艺要求，施工环境相对湿度不应大于85%。

8）钢材除锈经检查合格后，在表面涂完第一道防锈漆，一般在除锈完成后，若存放在厂房内，可在24h内涂完底漆；若存放在厂房外，则应在当班涂完底漆。油漆在涂刷过程中应均匀，不流坠。

9）加工成型的同根柱子的各节钢管要在加工场内进行预拼装。对预拼装后的钢管增加临时支撑（图3-22），保证在吊装、运输、堆放的过程中不发生变形。

（3）钢筋工程

1）钢筋采用直螺纹套筒连接，为防止钢管套装过程中箍筋移位致使钢筋笼发生变形，将每段4道箍筋与柱主筋点焊连接成封闭箍筋。

2）根据矩形钢管的分段长度确定钢筋的下料及绑扎高度，一般比矩形钢管的加工高度高出1500mm左右。

3）为保证钢管顺利套装，在每节钢筋端头部位绑扎一道比柱身箍筋断面尺寸略小的箍筋，使收头钢筋尽量收拢，以方便钢管套入。

4）为保证钢管顺利下滑，在柱身每面靠近角部位置设置通长φ10圆钢两道，圆钢与柱身箍筋点焊连接，作为钢管下滑的导向钢筋，如图3-23所示。

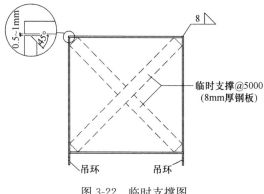

图3-22　临时支撑图

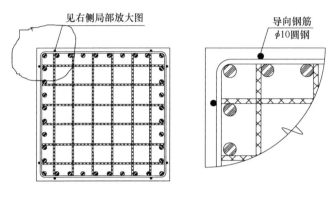

图 3-23　导向钢筋

（4）支撑体系

支撑架采用钢管脚手架，沿着斜柱的轴线在水平面上的投影方向搭设。钢管架的水平尺寸一般为 600mm×600mm，步距为 1200mm；在倾斜方向下侧的主受力方向搭设 4 排，次受力方向搭设 3 排，且针对每根柱结合周围环境对支撑架进行深化设计。

在钢管柱支撑架搭设时，沿柱高在两个倾斜底面每面布置 4 道支撑，每道支撑由双钢管组成。双钢管上面一根焊滑轮，作为钢管柱安装时的动导向，下面一根在钢管与柱体钢筋笼间垫 50mm×100mm 木方，作为钢筋骨架的支撑点，如图 3-24 所示。

支撑架作业面满铺脚手板，不得有空隙和探头板、飞跳板。操作面外侧设高度≥180mm 挡脚板和宽≥0.5m、高≥1.2m 的防护栏杆（≥两道），栏杆内侧满挂密目安全网，脚手板下满挂水平安全网。脚手架设上下爬梯或马道。爬梯两侧设护身栏(高≥1.1m，兼扶手）挂安全网。

架体所有安全网之间必须连接牢固，封闭严密，并与架体固定。

（5）矩形钢管柱吊装

矩形钢管柱起吊采用两点绑扎法，两端各加两个捯链分别调节矩形钢管柱起吊和就位时的倾斜角度及旋转角度，矩形钢管柱的对接口处每面焊接两个临时连接耳板以便矩形钢管柱的连接定位，如图 3-25 所示。

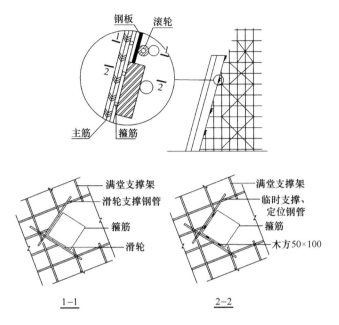

图 3-24 支撑架搭设示意图

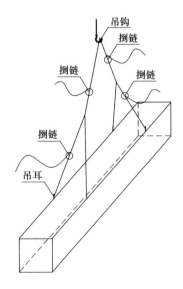

图 3-25 矩形钢管柱吊装示意图

1）第一节矩形钢管柱吊装

第一节矩形钢管柱安装前要将预埋件顶端和本节矩形钢管柱底面的渣土和浮锈清除干净。对"◇"形预埋件进行复测，确保预埋件的扭曲度和平整度满足规范要求。然后在"◇"形预埋件表面画出轴线和矩形钢管柱外框线，在"◇"形线的四个顶点紧贴线的里面位置焊四个定位锚栓，将其倾斜角度调节到与安装好的矩形钢管柱角度一致。

起吊前，拴好缆风绳和安全绳，以便空中定位和就位后临时定位调整，确保吊装过程的安全。

矩形钢管柱吊装下滑过程中，遇到滑轮时沿滑轮滑动，遇到下面木方，依次将木方抽出，为矩形钢管柱下滑留出空间。

第一节矩形钢管柱吊装就位如图 3-26 所示。

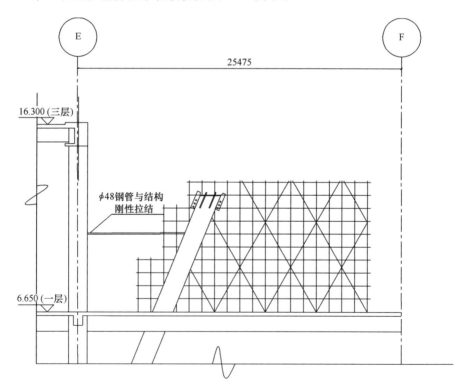

图 3-26　第一节矩形钢管柱吊装就位图

在矩形钢管柱顶的背向拉设两根缆风绳，各用一个 5t 捯链与预埋地锚连接，调节缆风绳使矩形钢管柱的倾斜角度和旋转角度达到设计要求，同时调节可调支撑加以支撑固定。在调节时，用全站仪测量预先标注在矩形钢管柱顶端的测点确保定位的准确。在钢管的位置、标高、倾斜度、旋转角度检验合格后，将矩形钢管柱的底端与预埋板进行焊接。焊接完毕后在矩形钢管柱上面柱箍上拴缆风绳和混凝土柱连接。按照设计要求加设柱箍。柱箍双槽钢间距 500mm，采用对拉方式，每层在互相垂直的两个方向用对拉螺杆拉紧，使矩形钢管柱壁受力均匀。在柱箍安装完毕检查无误、办理验收手续后方可进行第二节矩形钢管柱吊装。

2）第二节矩形钢管柱吊装

第一节矩形钢管柱顶部连接板作为第二节矩形钢管柱安装的导向板，安装方法同第一节矩形钢管柱，在调节时用钢楔配合缆风绳调节矩形钢管柱倾斜度和柱面连接处的平整度。

在钢管的位置、标高、倾斜度、旋转角度检验合格后，将两节钢管焊接。焊接完毕后在矩形钢管柱上面的柱箍上拴缆风绳和混凝土柱连接。按照设计要求加设柱箍。柱箍双槽钢间距 500mm，采用对拉方式，每层在互相垂直的两个方向用对拉螺杆拉紧，使矩形钢管柱壁受力均匀。在柱箍安装完毕检查无误，办理验收手续后方可进行混凝土浇筑施工。钢管上端的定位测量与第一节钢管相同（图 3-27）。

3）第三节矩形钢管柱吊装（图 3-28）

吊装前，第二节矩形钢管柱顶面和第三节矩形钢管柱底面浮锈要清除干净。吊装步骤同第二节矩形钢管柱。

（6）混凝土浇筑

1）钢管柱混凝土采用自密实高流态混凝土，强度为 C45，坍落度控制为 250±10mm，混凝土从出机到浇筑这段时间内的坍落度损失不大于 20mm，且混凝土不分层、不离析。

2）为保证斜柱空间位置准确，混凝土遵循一次浇筑的原则，对部分长度

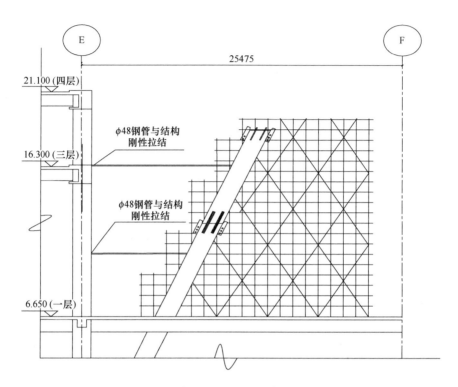

图 3-27　第二节矩形钢管柱吊装就位图

较长的钢管斜柱，混凝土浇筑可分两次进行，即两节或三节一浇。分节浇筑混凝土的钢管斜柱要确保柱体不产生错台、折线。

3）为观察混凝土的浇筑情况，矩形钢管组立成型后，在钢管侧板上设置直径 10mm 的溢浆孔。溢浆孔设置在倾斜背向板上，孔距离板边 50mm，距离根部 100mm。

4）混凝土浇筑使用汽车泵或塔式起重机浇筑。为避免混凝土下落过程中离析，在柱中布设下料串筒。下料串筒插至距柱根 1m 左右，导管上口加设料斗进行浇筑，混凝土沿串筒下料。混凝土分层浇筑、分层振捣，每层浇筑厚度 ≤500mm。使用插入式振动棒（柱身较长时为防止浇筑过程中下棒困难，可预先下棒）振捣（图 3-29）。

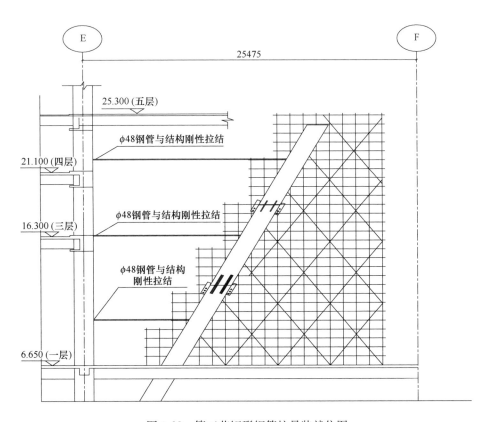

图 3-28 第三节矩形钢管柱吊装就位图

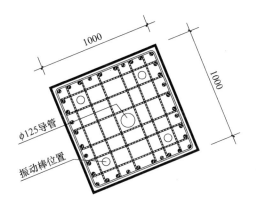

图 3-29 矩形钢管柱混凝土浇筑示意图

3.8　大型预应力环梁施工技术

3.8.1　施工流程

土方开挖→垫层混凝土→胎模、木模施工→型钢支架安装→绑扎非预应力筋→预埋钢管铺设（先下层，后上层）→观察孔预埋钢套管安装→分段混凝土浇筑（观察孔位置暂不浇筑混凝土）→其他段梁混凝土施工→牵引钢绞线穿入孔道→每束预应力钢绞线镦粗→预应力筋穿束→观察孔钢套管安装→观察孔位置梁混凝土浇筑→养护→预应力筋分批张拉→锚固→端部注油、封闭→切割端部钢绞线、端部封裹。

3.8.2　施工技术

（1）施工部署

根据环梁外形及超长的特点，现将环梁混凝土的分段施工、预应力筋的分段张拉方案简述如下。

1）环梁混凝土分段施工

根据环梁总体长度，进行合理分区和分段。

2）环梁预应力筋分段张拉方案

根据环梁所在平面位置和空间条件不同的特点，对环梁中预应力筋进行了合理的分段布置。整个环梁要在不同位置布置预应力筋，且要求均采用两端张拉，所以在环梁混凝土施工时，必须要准确留置预应力筋的张拉端位置。

（2）模板支撑设计

模板支撑设计除考虑尺寸和受力外还需要注意以下几点：为防止由于扣件紧固不严，产生较大滑移，出现局部支撑系统失稳，施工过程中要加强支撑系统每个直角扣件的紧固工作，梁下立杆上的直角扣件均采用双扣件，确保支撑系统的施工安全与可靠。

支撑系统跨度大、空间高，为保证其稳定可靠，施工时必须在环梁支撑系统设置纵向和横向剪刀撑。对环梁下支承在楼板上的钢管，应铺设 50mm 厚板，使环梁荷载传递到梁上，并在梁下增加支撑立杆以确保施工安全。

（3）预埋件安装和钢筋绑扎

1）柱顶预埋件安装

在环梁与柱头连接处还有径向梁的钢筋也要锚入柱头，处理好上述钢筋与锚板位置之间的矛盾十分重要。施工前，采用木模做出柱头与环梁交接处的足尺大样，对标高变化部位柱顶支承钢板逐个放样，确定其所在位置的角度变化，然后将环梁预应力和非预应力筋需要穿过钢锚板的位置，预先在锚板上精确钻孔。

对径向梁的钢筋安装，根据每个柱头所在位置的标高、斜度的不同，在柱头与环梁交接位置逐个调整梁底标高和斜度，使径向梁钢筋顺利安装。

对于径向梁锚入柱头的钢筋，遇有钢锚板影响时，可将钢筋端头预先弯折，满足锚固长度要求。

2）钢筋安装

当柱头大型预埋件安装固定后，方可进行环梁上部的钢筋绑扎安装。

靠近梁柱核心区钢筋密集，采用开口箍筋焊接固定钢筋位置，梁中心区钢筋单独采用箍筋固定。中心区和上部钢筋分别采用 〔 形钢筋与上、下层钢筋焊接固定。

3）张拉端预埋件预埋

环梁混凝土的分段施工和预应力筋的分段埋设关系非常密切。混凝土分段施工时必须根据分段张拉的要求，做好环梁预应力筋张拉端节点预埋件的预埋和位置的预留。由于混凝土分段和预应力张拉分段不仅位置不同，而且预应力筋的张拉端数量是预应力筋分段数量（10 段）的 6 倍，施工时务必要做到精细施工。不仅要做到不能弄错位置和方向，更不能把张拉端的节点位置漏掉。

（4）混凝土浇筑

根据环梁分段施工要求，在模板、钢筋安装验收合格后进行混凝土浇筑。从分段的一端往另一端分层浇筑施工，为提高环梁在预应力钢筋张拉前的抗裂性能，可以考虑在混凝土中掺加高增强型抗裂外加剂。浇筑完毕后及时做好覆盖养护，使混凝土表面一直处于湿润状态，防止混凝土在张拉前产生温度和收缩裂缝。

（5）模板拆除

环梁底模及支撑系统在混凝土强度达到设计要求，且该段预应力已经张拉完毕方可拆模。

（6）预应力张拉施工

根据分段施工和分段张拉的原则，采用分段、分束、逐根进行两端张拉施工。

张拉施工质量控制要点：

1）控制预应力筋张拉内缩值在 2mm 以内；

2）控制实际伸长值和理论伸长值之差在±6％之内；

3）如前两项未能满足要求，则采用二次张拉或超张拉回松技术解决应力松弛损失问题；

4）通过"见证张拉"确保实际控制应力值的建立。

3.9 大悬挑钢桁架预应力拉索施工技术

3.9.1 施工流程

（1）总体施工顺序为：搭设支撑，钢结构全部安装结束后，再安装预应力钢索，并进行预应力张拉工作，最后进行檩条及屋面安装。施加预应力的方法为：两根拉索对称张拉，并且每根拉索两端张拉。由于张拉力比较大，因此分为多级张拉完成。张拉控制采用双控原则，即控制张拉力为主，监测结构变形为辅的控制原则。张拉顺序按设计要求。钢索的预张拉是为了消除索的非弹性变形，保证在使用时的弹性工作。预张拉在工厂内进行，一般选取钢丝极限强度的 50%～55% 为预张力，持荷时间为 0.5～2.0h。

（2）由于索体的安装精度较高，索体长度的调节量比较小，并且考虑预应力张拉过程中拉索自身伸长值，为保证整个结构的安装精度，钢结构在安装时需要比较高的精度。

（3）通过施工仿真的应用，来确定每次张拉后支撑拆除前后结构（中间布索部分）最大竖向位移的变化，钢结构最大拉应力和最大压应力变化，以此决定张拉后是否要将支撑拆除。

（4）为保证张拉力达到设计要求，并且根据大量工程经验，实际张拉过程中，采取超张拉的方法，超张理论计算张拉力的 5%，为保证结构均匀受力，施工通常采取对称同步分级张拉的方式。

3.9.2 施工技术

（1）张拉操作要点

1）张拉设备安装：由于张拉设备组件较多，因此在安装时必须小心安放，使张拉设备形心与钢索重合，以保证预应力钢索在进行张拉时不产生偏心。

2）预应力钢索张拉：油泵启动供油正常后，开始加压，当压力达到钢索设计拉力时，超张拉 5% 左右，然后停止加压，完成预应力钢索张拉。张拉时，要控制给油速度，给油时间不应少于 0.5min。

3）将油压传感器测得拉力记录下来，对结构施工期进行监测，主要包括应力监测和变形监测。

（2）结构施工仿真计算

由于在预应力钢索张拉完成前结构尚未成型，弦支穹顶的结构整体刚度较差，因此必须应用有限元计算理论，使用有限元计算软件进行预应力钢结构的施工仿真计算，以保证结构施工过程中及结构使用期间内的安全。

施工仿真计算实际上是预应力钢结构施工方案中极其重要的工作。因为施工过程会使结构经历不同的初始几何态和预应力态，这样实际施工过程必须和结构设计初衷吻合，应充分考虑加载方式、加载次序及加载量级，且在实际施工中严格遵守。理论上将概念迥异的两个阶段或两个状态分别称为初始几何态和预应力态，这两个状态的分析理论和方法是不同的。在施工中严格地组织施工顺序，确定加载、提升方式，准确实施加载量、提升量等是必要的。

计算采用 Midas 进行施工仿真计算模拟分析，按照设计提出的累积加载法，进行预应力施加过程计算。具体计算边界及其他条件如下：

1）按照设计图纸建立 Midas 有限元计算模型，支座约束形式按照设计图纸及设计要求建立。

2）计算过程中使用累积加载法进行施工过程计算分析：采用 Midas 自带施工阶段分析，每步计算过程都是在前一步计算基础上进行的，即每步都考虑了前一步计算的影响。

3）计算模型跟实际情况相同，在拉索两张拉端施加初张力，计算模型考虑节点摩擦等预应力损失（按照 2% 预应力损失计）。

3.10　大跨度钢结构滑移施工技术

高空滑移法是指结构条状单元在建筑物上由一端滑移到设计位置就位后总拼成整体的方法。依据滑移过程、方式等的不同，滑移法可按下面五种形式进行分类：第一，按滑行方式分为单条滑移法和逐条累计滑移法；第二，按滑移过程中摩擦方式可分为滚动式及滑动式滑移；第三，按滑移过程中滑移对象可分为胎架滑移、结构主体滑移、桁架整体滑移；第四，按滑移轨道布置方式可分为直线滑移和曲线滑移；第五，按滑移牵引力作用方式分为牵引法滑移和顶推法滑移。

3.10.1　技术特点

对于体育场馆类钢结构的安装，尤其是大跨空间钢结构采用高空滑移法进行安装，无论是胎架自身滑移，还是胎架和结构一起滑移，胎架都需要满足一定的强度、刚度以及稳定性的要求，因此滑移胎架设计的重要性是不言而喻的。

目前大跨度钢结构安装过程较多采用钢管支撑形式、桁架支撑形式、网架支撑形式及组合形式胎架，其中桁架、网架组合式胎架在大跨空间结构钢屋盖的滑移法安装中应用较多，即柱以桁架的形式替代，而柱与柱之间用网架相接，桁架作为支撑架，网架作为滑移平台，两者相辅相成，形成稳定、可靠的支撑体系。

3.10.2　施工技术

（1）滑移轨道的选型、设计、制作及安装

无论采用何种滑移方法，设置滑移轨道必不可少，轨道的选型直接关系到滑移过程中结构的受力性能。对于大型结构滑移轨道可用钢轨、工字钢、槽钢等组合构成，一般设置在结构的支座轴线，若施工时结构受力与设计情况差距较大，也可以根据计算在跨中等处增设滑轨。滑移轨道的支座可根据相应的结构进行灵活布置，必要时对原结构进行加固以及新增临时支撑点。另外，滑移轨道的制作和安装也是重要的一步，必须保证质量和精度。

（2）滑移原理

滑移一般采用自动连续拖拉或顶推系统，其工作原理为：千斤顶前后布置两个油缸，当其中一个油缸工作时，另一个油缸回缩原来的升程，当工作油缸行程达到设定的升程时停止工作，同时通过传感器命令另一个油缸工作，无停顿间歇，循环往复，速度均匀。

（3）滑移方案

滑移施工一般采用分阶段连续拖拉或顶推方法实现。每个滑移胎架由若干台大吨位液压千斤顶作为动力源实现拖拉或顶推，若干台液压千斤顶沿前进方向对称布置，使得移动同步均匀，同时设若干个液压泵站，每个液压泵站匹配一台千斤顶，液压泵站由一个中控台控制，使得发出的信号命令一致，实现同步。

滑移施工的一般程序为：滑移胎架的搭设→滑移结构的组装→进行滑移→结构就位以及安装固定。以某体育场大跨度双向张弦桁架带索累计滑移为例，具体步骤如下：

第一阶段施工步骤。钢桁架的构件从工厂运至施工现场后在地面组成分段吊装单元；沿建筑物一侧滑移初始位置架设用于拼装钢桁架的高空拼装平台，高空拼装平台为两个柱距宽，在高空拼装平台的外侧相对于横向索延长线的地面位置安装横向索盘；在高空拼装平台上架设沿滑移方向的短滑道，短滑道悬挑出高空拼装平台的内沿；紧邻高空操作平台的内边搭设高度低于高空拼装平台的挂索操作平台，在挂索操作平台的一端外侧设置纵向索盘平台，在纵向索盘平台另一端上面设置卷扬机；在建筑物两跨端沿滑移轴向的柱顶部搭设边滑道；在两跨中间、沿滑移方向自第三根柱至倒数第二根柱之间搭设支撑中滑道的固定支撑架，中滑道架设在固定支撑架上，中滑道的高度低于边滑道，在中滑道与钢桁架之间由滑移胎架支撑。

第二阶段施工步骤。将第一、二榀钢桁架吊装至高空拼装平台，在第一、二榀钢桁架之间连接桁架间杆件；然后使前两榀钢桁架向前滑移一个柱距，同时吊装第三榀钢桁架；在第二、三榀钢桁架之间连接桁架间杆件，拼装好三榀钢桁架；将第一榀钢桁架滑移出高空拼装平台至短滑道的悬挑处，将横向索的索端牵引到第一榀钢桁架相应的铸钢节点处，将横向索的索端与相应的铸钢节点固定连接；将前三榀钢桁架向前滑移一个柱距，同时吊装第四榀钢桁架，在第三、四榀钢桁架之间连接桁架间杆件；当第三榀钢桁架滑出短滑道后，在该榀钢桁架的铸钢节点处向下垂直安装挂索钢撑杆；穿横向索，将横向索与索夹节点连接。

第三阶段施工步骤。当第四榀钢桁架滑出短滑道，安装钢撑杆后，先安装

76

纵向索及上部索夹节点，再安装横向索及下部索夹节点。使纵向索索端与索夹节点连接牢固，并进行纵向索预紧，随后进行钢桁架带索累计滑移，如此循环，依次带索滑移后续的钢桁架；当钢桁架滑移到距滑移终端一个柱距时，将荷载转移至中滑道两侧的转换滑道和转换牛腿上支撑；拆除第一榀钢桁架下面的滑移胎架，继续滑移，直至就位。

第四阶段施工步骤。当钢桁架整体滑移到位后，用千斤顶多点同时顶升钢桁架，在支座位置割除滑移轨道，以填塞支座的方法安装支座，完成钢桁架四周各铸钢节点与滑动支座的焊接；在滑移初始位置上的两榀钢桁架底部安装支座，进行原位拼装，并将横向索端部分别固定在四周的固定支座上，并预紧；实现整个钢桁架合拢，完成钢桁架带索累计滑移施工。

3.11 大跨度钢结构整体提升技术

3.11.1 技术特点

液压同步整体提升系统由集群油缸系统、泵站系统、钢绞线承重系统、传感器检测系统和计算机控制系统五部分组成。

整个屋盖钢结构采用地面原位拼装，设置合理的提升吊点，钢绞线与需要提升的结构连接。由钢绞线承重，通过提升吊点的油缸伸缩往上提升。提升时，上锚具夹紧钢绞线，下锚具松开，油缸伸出把上锚顶上去，钢绞线随之往上爬升，屋盖也就随之上升。油缸伸足一个行程（250mm）后，下锚夹紧钢绞线，使屋盖保持已提升的高度不变。下锚松开，随油缸回缩而退回原起点位置，准备下一行程的提升。如此往返，随油缸伸缩、上下锚具松紧钢绞线逐步爬升，整个屋盖缓缓提升到位。

通过计算机控制系统和传感器检测系统，对提升过程的各提升点状态进行监控与调整，从而实现提升过程同步。钢结构整体提升工艺流程如图 3-30 所示。

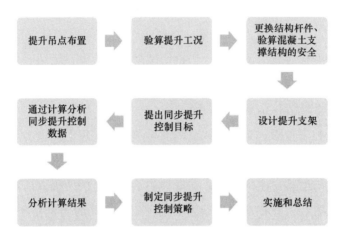

图 3-30　钢结构整体提升工艺流程图

3.11.2　施工技术

一般包括提升准备、试提升、正式提升以及结构提升就位、调整、锁定及卸载。

（1）提升准备

包括方案的编制和论证，屋盖钢结构拼装完成并验收合格，安装并验收提升支架，提升系统的单点调试及整体调试，清除待提升屋盖钢结构障碍，解除待提升屋盖钢结构与周围其他结构的连接，将不附带提升的所有材料、构件、工具等物件清理退出，将附带提升的构件等固定牢固，组建提升指挥部和操作机构并明确分工，进行提升演习，设计制定明确的提升指挥口令，编制好应急预案，进行技术交底。

（2）试提升

为观察和考核整个提升施工系统的工作状态，在提升准备完成后正式提升之前，必须进行试提升。

1）试提升前的准备与检查

确定试提升时间后，在试提升前，对提升设备、提升结构和各种应急措施等再次进行检查。

2）试提升加载

按 20％、40％、60％、70％、80％、90％、95％、100％同步分级加载，直至结构全部离地。每次加载必须严格分级进行，使油缸受力达到规定值并做好记录，加载中必须仔细观察各提升点的提升油缸、提升支架、钢绞线、本体结构及泵站的情况并及时将观察的情况、测量的数据反馈到指挥部供指挥部做出继续加载或暂停加载的决策。

3）试提升

在加载完成后必须将各点的位置与负载记录反馈到指挥部，指挥部比较各点的实际载荷和理论计算载荷后根据实际载荷对各点载荷参数进行调整，分析长行程传感器的读数并调整设置，调整设定计算机控制程序中的参数。

以上工作完成后继续试提升，在试提升过程中，应监控各点的位置与负载等参数，观察系统的同步控制状况。根据同步情况，对控制参数进行必要的修改与调整。试提升高度约 30cm。

4）空中停滞

提升离地后，空中停滞 24h。悬停期间，定时组织人员对结构进行观测。

5）试提升总结

试提升完成后，需对试提升进行总结，总结内容为：提升设备工作是否正常；提升过程中的同步控制策略是否正确；各种参数设定是否恰当；提升指挥系统是否顺畅、操作与实施人员工作配合是否熟练；提升结构的受力、变形等是否满足设计要求。在试提升过程中，对于出现的问题，要及时整改。

（3）正式提升

试提升完成并且在对试提升过程中出现的问题加以整改并总结经验后，即可进行正式提升。

（4）结构提升就位、调整、锁定及卸载

在结构整体提升到合拢口上准备就位时，须对各点进行调整，直至结构提升到设计位置并进行锁定。在结构就位调整时，注意各点的负载控制，确保提升支架和结构的安全。

3.12 大跨度钢结构卸载技术

3.12.1 技术特点

钢结构卸载既是临时支撑胎架卸载的过程，又是结构体系受力逐步转换的过程，在卸载过程中，结构本身的构件内力和临时支撑胎架的受力均会产生变化，合理的卸载工艺及顺序是结构安全的重要保障。

一般在钢结构主体结构安装形成空间稳定并完成所有焊接及连接工作后，需要对临时支撑结构进行卸载。卸载时支承力的释放，使结构最终达到设计要求的受力状态。对于大跨度体育场馆，结构卸载总吨位大、卸载点分布广而点数多，单点卸载受力大，结构复杂时卸载计算分析工作量也很大。若支承力释放不合理，会造成结构破坏或脚手架逐步失稳而倒塌，后果非常严重。

针对体育场馆钢结构跨度大、卸载点多等特点，一般将结构分为若干个卸载片区，采用"分区卸载、实时监控、连续卸荷"的方法进行胎架卸载。

3.12.2 施工技术

（1）卸载前的准备工作

1）在释放前对结构进行测量，复核各结构面和各杆件的空间位置，做好测量记录。

2）进行计算机仿真模拟，计算释放过程中结构变形与应力变化情况，对释放进行预控。

3）检查各胎架上千斤顶的支承情况，每个胎架只有节点中心的液压千斤顶对结构约束，其余辅助千斤顶或约束均已解除。

4）做好千斤顶与计算机的连线工作。

（2）施工方法及步骤

1）卸载原则

具体的卸载原则如表 3-1 所示。

卸载原则

表 3-1

序号	卸载原则	具体描述
1	分阶段、分批、分级	① 卸载时相邻支撑的受力不产生过大的变化。 ② 结构体系的杆件内力不超出规定的允许应力，避免支撑内力或结构体系的杆件内力过大而出现破坏现象。 ③ 结构体系受力转换可靠、稳步形成
2	以理论计算为依据	卸载过程中，结构构件的内力和支撑胎架的受力均会产生变化，卸载步骤的不同会对结构本身和支撑胎架产生较大的影响，故必须进行严格的理论计算和对比分析，以确定卸载的先后顺序和卸载时的分级大小
3	以变形控制为核心	由于空间结构各部位的强度和刚度均不相同，卸载过程中的各部位变形也各不相同，卸载时的支座变形情况会对结构本身和支座产生较大的影响，故卸载时必须以支座变形为核心，确保卸载过程中结构本身和支撑胎架的受力以及结构最终的变形在控制范围内
4	以测量控制为手段	卸载是一个循序渐进的过程，卸载过程中，必须进行严格的过程监测，以确保卸载按预定的目标进行，防止因操作失误或其他因素而出现局部变形过大的情况，造成意外的发生
5	以平稳过渡为目标	由于卸载过程也是结构体系形成过程，所以在卸载方案的选择上，必须以平稳过渡为目标确保结构受力体系转换平稳过渡

2）卸载过程的计算机仿真模拟分析

通过卸载过程的计算机仿真模拟分析，一是考察卸载的全过程中主结构及胎架结构是否安全可靠；二是希望通过计算分析，提炼一些结果（包括千斤顶选择以及卸载位移量估计等），对现场卸载的实施提供有益的参考和依据；三是评估卸载后的结构响应与原设计的差异，以此从另一个角度来判断卸载方案特别是卸载次序是否具有可行性。

3）卸载方案

① 卸载区域的划分

根据上述卸载原则，结合工程的特点和各自构件在结构体系中的受力大小及其相互依赖的主次关系，将支撑及支撑点划分为若干个卸载区。

② 每次卸载量的选定

大跨度钢结构跨度大，各区域的刚度差别也很大，因而卸载过程中，各点卸载所释放的位移量也有较大差异。更重要的是，在卸载过程中，对已经卸载的区域，其位移也并不是固定的，一定会受到后续卸载的影响；所以，每个卸载点需要卸载的位移量，应以卸载全过程中每处卸载点的最大竖向位移为准。

通过模拟分析得出各点卸载位移估计值后，按照每小步卸载量不宜超过10mm 的要求，确定卸载步骤下的每步卸载位移量。

③ 卸载点千斤顶选择

卸载时，需反复通过千斤顶代替胎架顶部的工装为主结构提供支座，千斤顶所能提供的承载能力必须满足要求，且要有一定的富余量。因此，基于计算分析，可首先提取各卸载点胎架的受力时程；然后获得每个卸载步骤相应胎架的支承力，以此作为各个卸载区域、各个卸载点千斤顶选择的依据。

④ 卸载流程

a. 总体卸载工艺流程如图 3-31 所示。

b. 分步卸载流程如表 3-2 所示。

分步卸载流程 表 3-2

序号	流程
1	千斤顶和对讲机检查，卸载试顶升
2	统一号令，整体启动
3	按预定下降释放量进行第一次分级卸荷，并跟踪监测
4	检查各胎架支承情况，以及各千斤顶的工作状态
5	进行第二次分级卸荷，并跟踪监测
6	重复上述步骤，直至完成分步卸载工作
7	进行下一分步卸载

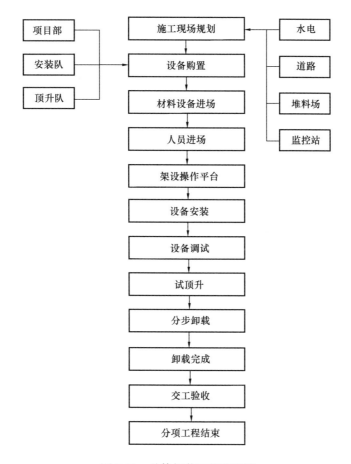

图 3-31　总体卸载工艺流程图

（3）卸载要点

1）在胎架释放过程中，千斤顶下降的同步性与每级的释放量是保证安全释放的重要环节。为保证同步性，地面设立一个总指挥，每个胎架上又设立副指挥，总指挥主要负责每级释放的发号施令以及监测数据的汇总。副指挥主要监看千斤顶工作状况。

2）为控制每级释放量，事先在千斤顶上标定刻度，下沉量以千斤顶的绝对缩短量控制，而非结构的下沉量。

3）每级释放量根据模拟计算的胎架支撑点位移值确定，胎架支撑释放变形量按计算位移值控制。

4）释放到位标准：铸钢节点底部出现间隙，千斤顶仍可下降，且节点顶面标高不再变化。

3.13 支撑胎架设计与施工技术

3.13.1 设计原则

临时支撑体系在钢结构安装及卸载过程中起着重要作用，其设计遵循以下原则：

（1）满足钢结构安装及卸载过程中的受力及稳定性要求。

（2）临时支撑体系设计时考虑节点安装位置、安装调节空间及调节方法。

（3）临时支撑胎架（本节简称"胎架"）设计时根据各节点标高、位置及下方混凝土结构形式，综合考虑标准节及非标准节。

3.13.2 设计与施工技术

（1）胎架设计

1）临时支撑体系概况

胎架通常分为三类：H形钢柱＋单片连续桁架组成的支撑体系（以下称"A类胎架"），体育场屋面胎架主要为格构胎架＋连续桁架组成的支撑体系（以下称"B类胎架"）和三角格构支撑胎架（以下称"C类胎架"）。

A、B类胎架的底部坐落于混凝土柱顶或混凝土承台上，胎架顶部设置千斤顶和定位校正装置；C类胎架设置于路基箱上。

2）胎架三维形式（图3-32）

3）竖向支撑胎架布置（图3-33）

4）胎架工装

由于屋面构件通常为空间复杂异形结构，构件分段的高空安装位置标高及

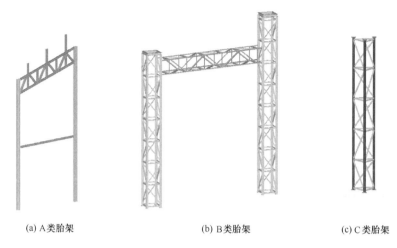

(a) A 类胎架　　　　　　　(b) B 类胎架　　　　　　　(c) C 类胎架

图 3-32　胎架三维形式图

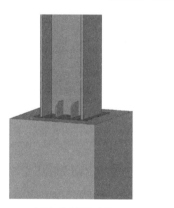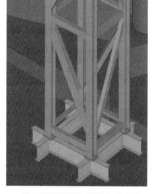

(a) A类胎架落在混凝土柱顶上　　　　　(b) B类胎架落在混凝土底板上

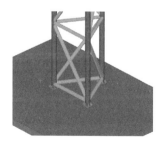

(c) B类胎架落在混凝土承台上　　　　　(d) C类胎架落在路基箱上

图 3-33　竖向支撑胎架布置图

节点连接形式各异。为了规模化制作胎架和保证胎架制作质量，胎架采用标准节的形式制作。为保证屋面分片单元的安装精度，胎架顶部根据各个安装点的标高和杆件形式设置相应的安装单元（图3-34）。

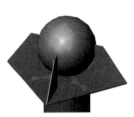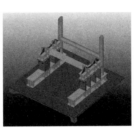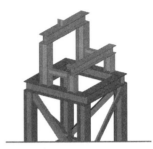

图 3-34　安装示意图

（2）胎架验算

1）计算条件荷载组合表

荷载组合见表3-3。为确保胎架在实际工况中的稳定性，节点反力都以活载形式加载，在模拟计算中考虑放大系数的同时，在胎架结构计算中再次乘以1.4的系数。

荷载组合表　　　　　　　　　　　　　　　　　　表 3-3

工况编号	组合内容
1	$1.2G+1.4L$
2	$1.2G+1.4L+1.4\times0.8W$
3	$1.2G+1.4W$

注：G—恒载；L—活载；W—风载。

2）支撑点的反力

所有的支撑点的反力均需要通过钢结构安装及临时支撑拆除过程模拟计算得出其数值。

3）胎架验算

为确保现场加工及施工方便，需将每个施工区域选取一个最大反力所在的结构单元体系进行验算。验算内容包括：计算模型建模、最大位移、应力比率、整体稳定分析。胎架的结构形式满足实际工况的承载力要求。

4）胎架制作阶段验收

构件加工完成后立即组织质检人员按相应的现行设计及施工验收规范要求对几何尺寸、节点、涂装等外观进行验收检查，并对主要的焊接节点进行磁粉探伤抽查，检查合格后做好记录，对不合格的构件及时通知制作工段进行返修，合格后方可进行安装。

（3）胎架安装与拆除

1）安装与拆除整体思路

土建底板和看台结构柱施工到胎架设计柱底标高时，插入胎架钢柱预埋件的施工，待结构柱混凝土施工完毕并达到一定强度后，开始安装胎架。

2）胎架预埋件安装

① 埋设整体思路：为保证预埋件的埋设精度，在土建钢筋绑扎完后，将预埋件按图埋设在混凝土结构面筋上面。具体步骤如下：

首先根据外围轴线控制点及标高控制点对预埋件进行轴线和标高控制点加密，然后根据控制线测放出细部轴线，测放出每一个预埋件的中心十字交叉线和至少两个标高点，然后将预埋件按图纸和测放好的轴线、标高临时固定好，最后将预埋件精确测校、加固。

② 预埋件的埋设：当楼层面筋绑扎完后，埋设工作即可插入。根据测量所测放轴线，将预埋件就位，首先找准定位板上边纵横向中心线（预先量定并刻画好），并使其与测量定位的基准线吻合；然后用水准仪测出定位板四个角上顶面标高，高度不够时在定位板下边用四根角钢抄平。然后将预埋件穿入钢筋并固定好，都准确无误后用角钢或钢筋固定预埋件。

为保证预埋件预埋牢固，防止在浇灌混凝土时预埋件产生位移和变形，除了保证该预埋件整体有一定的强度外，还必须采取相应的加固措施：先把预埋件与底板钢筋绑扎固定，四边加设小的刚性支撑，确保整个预埋件牢固可靠，固定前后应注意对预埋件位置及标高进行复测。

③ 预埋件在混凝土浇灌前应再次复核，确认其位置及标高准确、固定牢

靠后方可进入浇灌工序。

预埋件的埋设精度，直接影响到胎架的安装质量，所以埋设前后必须对预埋的轴线、标高进行认真的核查、验收。标高以及水平度的调整一定要控制在规范要求内。

3）胎架安装顺序和安装方法

① 胎架整体安装顺序

胎架整体安装顺序与现场屋面钢结构施工顺序基本相同，根据混凝土作业面提供顺序进行。

② 胎架安装方法

a. 胎架安装总体思路

根据胎架形式、长度及质量确定胎架安装总体思路。格构式支撑胎架分段吊装。对于体育场先分段安装胎架，其后安装联系桁架。

由于体育场周围胎架有的需要穿过混凝土楼板支撑在混凝土承台或混凝土钢梁上，要在混凝土结构上设预埋件，在地下一层及首层混凝土楼板上开洞。根据各区胎架位置定位开洞位置及设置相应预埋件。

b. 胎架吊装就位

胎架由平板车转运至起吊区，就近堆放在吊装区域，绑扎后经过调整，将胎架缓慢吊至就位位置上方，对准已测量放线完的预埋件上，徐徐落钩，使胎架安全落于预埋件上。

吊装前先安装临时钢爬梯和搭设休息平台，并系上缆风绳。爬梯用于胎架标准节对接后操作人员摘钩；缆风绳用于胎架垂直度调整；休息平台每隔两个标准节搭设一个，用于操作人员向上攀登时安全休息；此外，在胎架形成空间稳定体系前，拉设缆风绳可作为安装临时加固措施之一。

起吊前，胎架应横放在垫木上，起吊时，不得使胎架在地面上有拖拉现象。回转时，需有一定的高度。吊装起钩、平移、回转应交叉缓慢进行。

平面轴线及水平标高核验合格后，将胎架吊装就位在设计位置，确定胎架方向正确后，安装定位并拉紧缆风绳，将胎架临时固定。

胎架连接临时固定完成后，应在测量人员的测量配合下，利用斜铁、缆风绳、捯链等对胎架顶标高偏差、胎架垂直度偏差、轴线偏差进行校正。尤其是对胎架标高的控制尤为关键。

用缆风绳校正胎架时，应在缆风绳处于松弛状态下，胎架保持垂直，才算校正完毕。

在就位过程中，应设置相应的溜绳，确保起吊过程中的安全和定位方便。

c. 胎架的测量校正

胎架就位后，借助调节装置和千斤顶以及缆风绳，采用精密的水准仪和经纬仪进行测量校正。胎架测量无误后，临时固定，进行下一榀胎架的安装。

d. 联系桁架的安装

独立胎架安装固定完成后，及时进行胎架间各类联系桁架的安装，进行稳固，形成刚性单元。吊装时，联系桁架两端需牵拉引绳，起吊过程要平稳，吊装过程中注意不能与已安装好的独立胎架发生碰撞。吊装到位后宜先用扩冲定位，以免因螺栓孔径较螺栓直径大而使胎架产生累计垂直误差，同时确保安装螺栓自由穿入。

相邻两胎架之间的联系桁架在遇到有加劲肋板或胎架平台顶板无法垂直下落就位时，可通过平面旋转就位，以避免联系桁架无法进入。

e. 胎架安装阶段

胎架安装完成后，进行校正和测量，由测量工区根据测量数据提供焊接顺序，质量部门组织验收小组对胎架进行焊前检查，合格后进入胎架的焊接施工工序，确保胎架的安装焊接质量。

3.14 复杂空间管桁架结构现场拼装技术

3.14.1 技术特点

由于桁架每榀尺寸和质量较大无法整体运输，故采取工厂制作、散件包装后运到现场的运输方式，同时避免了运输过程中整榀桁架变形的影响。而拼装完成后的每榀桁架结构占地较大，要求有充足的场地堆放到场构件和拼装完成的桁架成品。需要对现场拼装场地进行规划，对于拼装成榀的超长超宽桁架采用起重机吊运、汽车运输技术以解决拼装场地少、吊装点位多的问题。

现场拼装施工需根据不同的桁架形式搭设各异的拼装胎架，每一榀桁架的管径、壁厚、弯曲度、杆件组成以及空间坐标都不相同，所以同类型的桁架结构拼装胎架也不尽相同。搭设胎架的总体长度、节点坐标定位、弧度的控制都需要考虑协调桁架的摆放方位，使桁架拼装时高度均匀，有利于施工人员操作。

3.14.2 施工技术

（1）拼装施工部署及转运

1）对于单榀片式桁架，采取在地面整体拼装后进行分段的方式，将每段桁架长度控制在 20m 以内，对于该分段桁架进行吊点选择分析，减小桁架在转运、吊装过程中的变形量。根据确定的吊点在转运平板车上设置转运工装措施，转运工装对应桁架的支撑点即为桁架吊点。利用汽车起重机将转运工装、分段桁架构件依次装载到平板车上，以捯链和钢丝绳固定后在场内转运，如图 3-35所示。

(a) 汽车转运超宽桁架　　　　　　(b) 超大体量桁架起重机转运施工

图 3-35　桁架转运、吊装施工图

2）对于转换桁架、边桁架等体量大、质量大的构件，在拼装完成后采用履带起重机吊离胎架，在起重机起重范围之内将桁架吊装至靠近就位点方向摆放，再移动起重机向桁架靠拢。按此方法逐步将桁架转运到位，最终吊装就位，如图 3-35 所示。

（2）拼装施工胎架设置及运用

1）拼装施工流程

① 铺设钢板以保证拼装场地平整；

② 根据深化图提供三维坐标，在钢板上打出端点、拼装节点的平面位置以及上、下弦杆、腹杆的中心线投影；

③ 根据各杆件的半径，在钢板上沿中心线投影线放出管件的轮廓投影；

④ 在节点和端点处，根据标高用型钢设置竖向支撑和横向支撑以及横向水平支撑；

⑤ 焊接球和上、下弦管上胎，并进行微调保证就位准确；

⑥ 腹杆与弦管焊接，拼装完成。

2）拼装施工要点

① 焊接球、弦管上胎需考虑球半径、管径尺寸，胎架支托设置根据构件各规格尺寸控制标高；

② 弦管定位通过与端头焊接球节点对中以及与相交节点在胎架上定位点对中完成，腹杆定位则根据已定位完成的弦杆及节点定位点对中完成；

③ 三维空间异形体系转换桁架拼装，可根据施工需求，将上、下片式桁架分别拼装，通过连系杆将上、下片式桁架连接为整体；

④ 拼装复核，以吊线坠方式检查已拼装管件与放线的偏离值。

3）片式桁架拼装

对于墙面桁架、屋面桁架等片式桁架拼装将钢管杆件测控截面定位线标记明确，拼装胎架构件支撑平面上进行控制点投放、标记，并设置标高调整垫块。吊运拼装杆件至胎架支撑面上，与定位标记对位合格后即完成片式桁架主杆件定位，桁架腹杆根据主杆件进行安装，如图 3-36 所示。

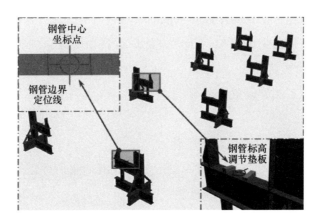

1. 安装胎架设置完成后，根据选定杆件标记位置的中心三维坐标值在型钢支撑上投放。确定出钢管控制中心点、十字线，以及钢管就位后的边界控制线，标高通过调节垫板进行调整

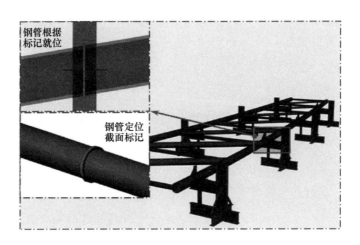

2. 吊装杆件就位，将钢管壁上定位截面标记与胎架支撑型钢上测量投放的定位控制标记对位。通过千斤顶、捯链等工具调整杆件至最佳位置

图 3-36　片式桁架拼装施工示意图

4）三维空间异形桁架拼装

转换桁架拼装过程以对焊接球空间定位测量进行拼装单元的整体性控制。在拼装胎架的球节点支托平台上进行定位标记及措施的设置，确保焊接球节点的钢球就位后球心在拼装控制坐标点上。钢管连接杆件安装定位根据焊接球位置确定。焊接球定位步骤及焊接拼装如图 3-37 所示。

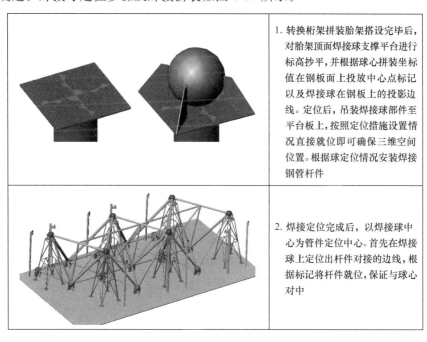

	1. 转换桁架拼装胎架搭设完毕后，对胎架顶面焊接球支撑平台进行标高抄平，并根据球心拼装坐标值在钢板面上投放中心点标记以及焊接球在钢板上的投影边线。定位后，吊装焊接球部件至平台板上，按照定位措施设置情况直接就位即可确保三维空间位置。根据球定位情况安装焊接钢管杆件
	2. 焊接定位完成后，以焊接球中心为管件定位中心。首先在焊接球上定位出杆件对接的边线，根据标记将杆件就位，保证与球心对中

图 3-37 焊接球定位步骤及焊接拼装施工示意图

3.15 复杂空间异形钢结构焊接技术

3.15.1 技术特点

体育场馆现场焊接主要有现场地面拼装焊接和高空安装焊接。焊接对接形式有铸钢节点与铸钢圆管、铸钢圆管（或焊接圆管）与焊接圆管、次杆件与主杆件、次杆件与次杆件对接焊接，且最大板厚或最大管壁厚度较大，焊接等级要求高，焊接工艺特殊，对焊工技术要求高。

焊缝形式通常有钢管全位置焊接和箱梁平焊、横焊、立焊、角焊等多种形式。

焊接工艺流程如图 3-38 所示。

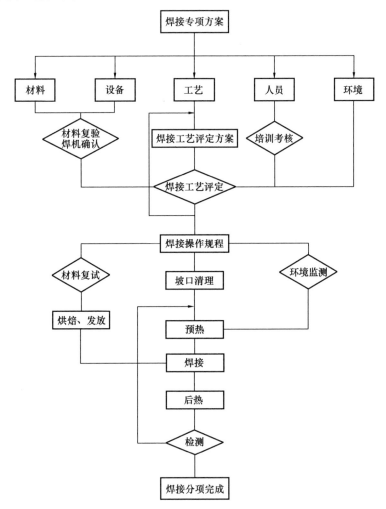

图 3-38　焊接工艺流程图

（1）焊接施工顺序

根据结构特点，焊接时通常采取整体同时焊接与单根梁对接焊相结合的方式。焊接过程中要始终进行结构标高、水平度、垂直度的监控，发现异常，应及时暂停，通过改变焊接顺序和加热校正等进行处理。特别是在高空安装时，焊接完两分段或分片结构，进行下一分段或分片结构焊接前，必须对前两段或两片结构对接焊后收缩数据进行核查，对于应该焊后收缩而未收缩的，应查明原因，采取措施使其完成收缩。

现场焊接主要采用手工电弧焊和CO_2气体保护焊两种方法。焊接施工按吊装顺序进行，减少焊接变形的集中积累。调整校正好一个安装片后，进行焊接，焊接应力可顺安装方向自由释放。

（2）常用的局部焊接顺序

常用的局部焊接顺序见表 3-4。

常用的局部焊接顺序   表 3-4

序号	焊接形式示意图	示意说明	焊接说明
1	钢管柱对接焊	焊接顺序	采取两人分段对称焊的形式进行，即1、3同时进行，然后是2、4。要求对称、分层、同步、多焊道焊接
2	箱形梁对接焊	焊接顺序	箱形梁对接焊时，本工程不开焊接工艺孔，采用仰焊施工，先焊接 2、3，再两人对称焊接 1、4
3	H形梁对接焊	焊接顺序	H形梁对接焊时，先两人对称焊接 2、3，再两人对称焊接 1、4

序号	焊接形式示意图	示意说明	焊接说明
4			箱形屋盖对接焊时，不开焊接工艺孔，采用仰焊施工，先焊接 2、3，再两人焊接 1、4
	树形支撑节点与屋盖焊接	焊接顺序	

（3）典型结构焊接顺序

1）对于异形桁架或网架结构，焊接顺序为"控制两点，确定方向，单杆双焊，双杆单焊，逐渐向合拢点逼近"。主要是控制起点和固定口，起点作为结构安全和稳定的必须控制点；固定口不能设置在构件重心或靠近重心和应力集中的地段。

2）对于弯扭空间结构，焊接顺序为"从下向上（立面次结构），以桁架柱（主结构）为中心对称施焊；自由变形控制合拢。"这种结构安装难度大，由于结构无规律可言，焊接方法只能从原则上控制，以立柱为中心对称施焊可获得均布应力，采用自由变形的方法可以最大限度地减小焊接应力。

3.15.2 施工技术

（1）主要焊接技术措施

1）对厚板和较少应用的钢材焊接前，确定好工艺参数，焊接过程中采用根部手工焊封底、半自动焊中间填充、面层手工焊盖面的焊接方式。带衬板的焊件全部采用 CO_2 气体保护半自动焊接。

2）全部焊段尽可能保持连续施焊，避免多次熄弧、起弧。穿越连接板工艺孔时必须尽可能将接头送过连接板中心，接头部位均应错开。

3）同一层或同一道焊缝出现一次或数次停顿需再续焊时，始焊接头需在原熄弧处后至少 15mm 处起弧，禁止在原熄弧处直接起弧。CO_2 气体保护焊熄弧时，应待保护气体完全停止供给、焊缝完全冷凝后方能移走焊枪。禁止电弧刚停止燃烧即移走焊枪，使红热熔池暴露在大气中失去 CO_2 气体保护。

4）打底层：在焊缝起点前方 50mm 处的引弧板上引燃电弧，然后运弧进行焊接施工。熄弧时，电弧不允许在接头处熄灭，而是应将电弧引带至超越接头处 50mm 的熄弧板熄弧，并填满弧坑，运弧时采用往复式运弧手法，在两侧稍加停留，避免焊肉与坡口产生夹角，达到平缓过渡的要求。

5）填充层：在进行填充焊接前应清除首层焊道上的凸起部分及引弧造成的多余部分，清除粘连在坡壁上的飞溅物及粉尘，检查坡口边缘有无未熔合及凹陷夹角，如有必须用角向磨光机除去。采用 CO_2 气体保护焊时，CO_2 气体流量宜控制在 40～55L/min，焊丝外伸长 20～25mm，焊接速度控制在 5～7mm/s，熔池保持水准状态，运焊手法采用划斜圆方法，填充层焊接面层时，应注意均匀留出 1.5～2.0mm 的深度，便于盖面时能够看清坡口边。

6）面层焊接：直接关系到该焊缝外观质量是否符合质量检验标准，开始焊接前应对全焊缝进行修补，消除凹凸处，尚未达到合格处应先予以修复，保持该焊缝的连续均匀成型。面层焊缝应在最后一道焊缝焊接时，注意防止边部出现咬边缺陷。

7）焊接过程中：焊缝的层间温度应始终控制在 100～150℃之间，要求焊接过程具有最大的连续性，在施焊过程中出现修补缺陷、清理焊渣所需停焊的情况造成温度下降，则必须用加热工具进行加热，直至达到规定值后方能再进行焊接。焊缝出现裂纹时，焊工不得擅自处理，应报告焊接技术负责人，查清原因，制订出修补措施后方可进行处理。

8）焊后热处理及防护措施：25mm≤母材厚度 T≤80mm 的焊缝，必须立即进行火焰或电加热后保温处理，火焰或电加热应在焊缝两侧各 100mm 宽幅均匀加热，加热时自边缘向中部，又自中部向边缘由低向高均匀加热，严禁持热源集中指向局部，后热消氢处理加热温度为 200～250℃，保温时间应依据工件板厚按每 25mm 板厚 1h 确定。达到保温时间后应缓冷至常温。焊接完成后，还应根据实际情况进行消氢处理和消应力处理，以消除焊接残余应力。

9）焊后清理与检查：焊后应清除飞溅物与焊渣，清除干净后，用焊缝量规、放大镜对焊缝外观进行检查，不得有凹陷、咬边、气孔、未熔合、裂纹等缺陷，并做好焊后自检记录，自检合格后鉴上操作焊工的编号钢印，钢印应鉴在接头中部距焊缝纵向 50mm 处，严禁在边沿处印鉴，防止出现裂源。外观质量检查应符合相关标准规定。

10）焊缝的无损检测：焊件冷至常温≥24h 后，进行无损检验，检验方式为 UT 检测，检验标准应符合相关标准规定的检验等级并出具探伤报告。

（2）焊接变形控制

1）下料、装配时，根据制造工艺要求，预留焊接收缩余量，预置焊接反变形。

2）在焊缝符合要求的前提下，尽可能采用较小的坡口尺寸。

3）装配前，矫正每一构件的变形，保证装配误差小于公差表的要求。

4）使用必要的装配和焊接胎架、工装夹具、工艺隔板及撑杆等刚性固定措施控制焊后变形。

5）在同一构件上焊接时，应尽可能采用热量分散、对称分布的方式施焊。

6）采用多层多道焊代替单道焊。

7）尽量采用双面对称坡口，并在多层多道焊时采用与构件中轴对称的焊接顺序。

8）提高板材平整度和构件组装精度，使坡口角度和间隙准确，以使焊缝角变形值和翼板及腹板纵向变形值沿构件长度方向一致。

9）组焊焊缝众多的构件时，要选择合理的焊接顺序。

（3）厚板焊接变形与应力控制措施

为控制局部及整体焊接变形，拟采取以下原则：

1）在保证焊透的前提下采用小角度焊接坡口，以减少收缩量。

2）提高构件制作精度，构件长度按正偏差验收。

3）尽量扩大拼装块。

4）采用小热输入量、小焊道、多道多层焊接方法以减少收缩量。

3.16 ETFE 膜结构施工技术

膜结构是一种由高强薄膜材料及加强构件（钢结构或拉索）通过一定方式使其内部产生一定的预张应力，形成某种空间形状，可作为覆盖结构并能承受一定外荷载的空间结构形式。膜结构以良好的自洁性、隔热性以及高强耐久、造型新颖、自重轻等优点广泛应用于体育场馆屋面建筑结构。由于膜结构是张力结构的一种，只有在一定张力作用下，膜结构才有一定的形状和刚度，因而膜结构建筑表现了力的平衡美，是一种最为合理的结构形式。采用轻质膜材，同时辅以柔性拉索、钢桁架的结构形式，可以实现大跨度、大空间的目的。

3.16.1 技术特点

ETFE 的中文名为乙烯-四氟乙烯共聚物，ETFE 膜是透明建筑结构中品质优越的膜材料。根据位置和表面印刷的情况，ETFE 膜的透光率可高达 95%。该材料不阻挡紫外线等光的透射，以保证建筑内部自然光线。通过表面印刷，该材料的半透明度可进一步降低到 50%。该膜特有的抗粘着表面使其自身具有高抗污、易清洗的特点。ETFE 膜完全为可循环利用材料，可再次回收用于生产新的膜材料，或者分离杂质后生产其他 ETFE 产品。

ETFE 膜的出现为现代建筑提供了一个创新解决方案。由这种膜材料制成的屋面和墙体质量轻，只有同等大小玻璃质量的 1%；韧性好、抗拉强度高、不易被撕裂，延展性大于 400%；耐候性和耐化学腐蚀性强，熔融温度高达 200℃，并且不会自燃。

此种膜材料本身非常符合全球推行的环保节能理念，而且相对于其他外围装饰结构还具备更大的社会和经济效益。另外在大型体育场馆中，其更大的优势还在于它们可以被加工成任何尺寸和形状，可满足大跨度的需求，节省了中间支撑结构。作为一种充气后使用的材料，它可以通过控制充气量的多少，对遮光度和透光性进行调节，有效地利用自然光，节省能源，同时起到保温隔热作用。鉴于此，此种材料在建筑领域的应用将会被大力推广。

ETFE 膜结构有许多其他材料无可比拟的优越性能，可以广泛地应用到建筑的各个部位。

应用于屋顶。ETFE 膜单块膜长可达 15～30m，每平方米只有 0.15～0.35kg，并可做成任意形状，造型美观，是大跨度建筑理想的屋顶材料。

应用于幕墙结构。ETFE 膜结构质量轻，具有高抗拉强度，其透光性能好，光线可控性好，可局部或整体更换。不仅如此，这种膜还具有自清洁功能，使灰尘不易附在其表面，清洁周期大约为 5 年。另外成本合理也是其极具竞争力的另一优势，覆盖层加上结构的费用只有玻璃的一半，而且寿命较长。

3.16.2　施工技术

（1）抵抗风荷载

膜结构一般覆盖在体育场馆的外围，所承受的荷载比较大，主要是风荷载，国外常见的处理方法是在膜结构上使用加强索，但这样通常会破坏建筑的整体艺术效果，故可以根据实际情况采取在部分膜结构外侧增加已成附加膜的方法，这样在提高膜结构的抗风压性能的同时可确保整体建筑的外部观感效果。

（2）膜结构的气密性设计

一般膜结构由支撑钢结构、固定夹具、充气系统等组成。

墙面膜结构主要由夹具、夹具定座、扣板、密封胶条及衬垫连接组合装配。膜边缘的绳索夹在铝合金夹具中，将夹具设计成互锁的结构，夹具底座直接连接固定到支撑结构上，铝合金夹具扣盖同时与夹具底座一起固定膜边缘，从而保证整个结构的密封效果。

外围膜结构的防水对于整个建筑也显得尤为重要，可以采取多重密封防水构造。一般墙面膜结构可以采用"铝型材＋复合胶条"形式，胶条采用三元乙丙实体和海绵体复合而成，它可以很好地解决水密问题，同时优化外观效果。

另外还可以在膜结构固定的夹具内设置排水通道系统，使渗水通过排水通道排至室外。

对于屋面膜结构，同样采取密封胶条密封，同时将屋面螺栓连接件暴露于室外，这样即使孔顶处渗水也可以通过夹具内的排水通道排至室外，同时屋面天沟内采用优质防水及保温材料，并与虹吸排水系统紧密联系，更好发挥其防水功能。

（3）声学、光学性能设计

一些室内比赛的项目对场馆内的吸声降噪及室内混响要求比较高，根据ETFE膜结构的特点，选取以下声学处理措施：

1）在比赛大厅的顶棚相邻的ETFE膜块间设置一定宽度的由玻璃纤维吸声材料及穿孔铝合金板制作的吸声带，并在看台上方设置吸声吊顶。

2）在比赛场区的四周设置玻璃纤维隔声墙。

3）在屋面ETFE膜面安装专门的雨噪声降噪网，排除雨噪声干扰。

对于光学方面，由于EFTE膜材料本身具有较高的透光率，可以满足建筑物的自然采光要求，如果考虑到光线柔和等方面的需求，可以在屋面和墙面膜块间采取局部遮阳，针对具体部位在相应位置设置不同大小、密度的镀点，对光线进行有效控制。

（4）膜结构安装

一般体育场馆内部尺寸较大，屋面高度较高，屋面膜块如果采取满堂脚手架进行安装，不但费时费力，还会影响其他专业施工，相比而言，采取滑移式脚手架不但更加方便，还可以与其他专业交叉平行施工，节约大量时间。

室内模块安装可以采用液压爬升式垂直升降平台及悬挑伸缩式脚手架。一方面可以上下自由移动，另一方面在模块及其他零件安装过程中模块充气与不充气时，脚手架可以有选择性地伸出和收回，便于施工。

4 专 项 技 术 研 究

现代化的体育场馆是为公众提供精神文化生活的场所,其规划、设计、建造、运营都必须紧紧围绕人民群众日益增长的精神文化和物质文化生活需求而展开。因此它不同于一般的民用建筑,无论是设计理念、外观造型、区域划分,还是使用功能、场馆规模都有自己独特的要求。

按体育场馆规模分类可见表 4-1～表 4-3。

体育场规模分类　　　　　　　　　　　　　　　表 4-1

分　类	观众席容量（座）	分　类	观众席容量（座）
特大型	60000 以上	中　型	20000～40000
大　型	40000～60000	小　型	20000 以下

体育馆规模分类　　　　　　　　　　　　　　　表 4-2

分　类	观众席容量（座）	分　类	观众席容量（座）
特大型	10000 以上	中　型	3000～6000
大　型	6000～10000	小　型	3000 以下

游泳馆规模分类　　　　　　　　　　　　　　　表 4-3

分　类	观众席容量（座）	分　类	观众席容量（座）
特大型	6000 以上	中　型	1500～3000
大　型	3000～6000	小　型	1500 以下

本章围绕体育场馆的特殊功能要求,着重阐述射击馆噪声控制、体育馆木地板、体育场塑胶跑道、网球场地坪、足球场草坪、体育馆人工冰场、国际马术比赛场、场地照明、体育场馆标识系统等施工及安装技术。

4.1 高支模施工技术

4.1.1 施工特点

随着建筑行业的迅猛发展、设计师的设计思维转变以及建筑物本身的性能要求，体育场馆的造型也变化多端，大体积的看台、大截面异形超高柱子以及超大室内空间逐渐成为体育场馆的必备元素，故高支模施工技术也必须根据体育建筑的步伐不断创新。

高支模施工流程如下：

高支模支撑体系选择→高支模支撑体系设计→高支模支撑体系搭设→混凝土施工。

4.1.2 施工技术

（1）梁、板及弧形柱模板的选用

1）普通梁、板模板可以选用一般的木方、$\phi 48mm \times 3.5mm$ 的 Q235 钢管扣件式脚手架进行支撑，如图 4-1 所示。

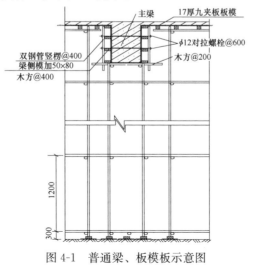

图 4-1 普通梁、板模板示意图

2）弧形柱：采用 $b×h＝40mm×90mm$ 垂直@200mm 落叶松木方做外楞，$\phi48mm×3.5mm$ 的 Q235 钢管箍为@500mm，并用 $\phi12@600mm×500mm$ 的对拉螺栓穿墙对拉固定外楞；因弧形柱呈弧形，不同于一般的立柱（在其他垂直段如立柱的加固如图 4-2 所示；在平直段加固如一般的梁如图 4-3 所示），其弧形柱底模支撑体系为：采用 $b×h＝40mm×90mm$ 垂直@200mm 落叶松木方、两道槽钢 100mm×50mm×8mm、两道立杆支撑间距 400mm。

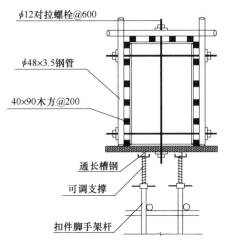

图 4-2　垂直段加固示意图

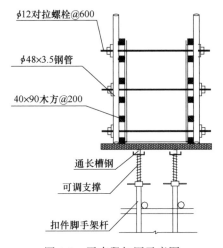

图 4-3　平直段加固示意图

3）后浇带模板：后浇带处的模板支撑体系同梁板的支撑体系，但是其支撑体系必须独立，以免其他处拆除时影响此处的支撑体系。

（2）支撑体系的设计

支撑系统为扣件式满堂脚手架，采用 $\phi48\text{mm}\times3.5\text{mm}$ 钢管搭设，具体间距步距可以根据实际荷载计算来确定，主梁、弧形柱底采用两排立杆。在支撑体系的底端之上 200mm 处，设纵横扫地杆，其钢管的接头不能在同一位置。

为加强支撑体系的整体稳定性，在楼面处每 2m 预理 1.5m 短钢管设刚性节点；除了纵横水平杆外，在主梁底部的立杆上加斜向的剪刀撑，剪刀撑沿架高连续布置，剪刀撑的斜杆与水平面的交角必须控制在 45°～60°之间，剪刀撑的斜杆两端与脚手架的立杆扣紧外，在其中间应增加 2～4 个扣结点，并在底部加大，如图 4-4 所示。

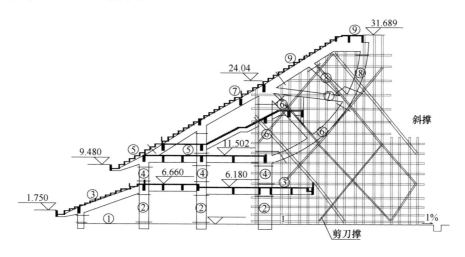

图 4-4 高支模支撑示意图

（3）支撑体系立杆下垫板的设计

高大模板支撑立杆下地基大部分为回填土，地基土的承载力较小，需对地基做特殊处理：素土回填、分层夯实、浇筑 200mm 厚的 C15 混凝土并向外找坡 1%，且在外面做排水沟 300mm×300mm，每隔 50m 设置 1000mm×1000mm×800mm 集水坑。

在混凝土上铺 4000mm×200mm×50mm 垫木,再架设模板支撑体系立杆。要求下面平整,使板面受压均匀,具体见图 4-5。

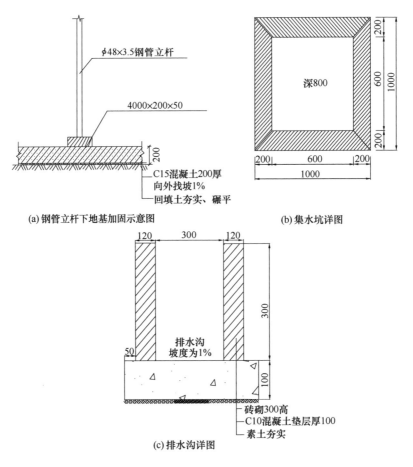

(a) 钢管立杆下地基加固示意图 　　　　(b) 集水坑详图

(c) 排水沟详图

图 4-5　支撑体系立杆下垫板的设计

(4)混凝土浇筑及养护

1)在混凝土浇筑过程中,为避免在新浇筑的混凝土重量及施工荷载作用下产生过大的集中荷载或偏心荷载,混凝土不能集中堆放。在混凝土出料过程中,采用软管均匀布散混凝土,并及时将板面上的混凝土用铁铲扒平。不得直接将混凝土集中倾倒在模板上,造成局部板面上新浇混凝土荷载过大。

2）因弧形柱节点多、钢筋密及跨度长，故弧形柱浇筑混凝土时，必须在其上侧模板上开下料口。

3）混凝土浇筑、养护、拆模。

弧形柱混凝土浇筑质量是混凝土工程的一个关键所在，特别是该构件长、断面大，结构设计钢筋配置密集，这些都给混凝土浇筑带来一定困难。施工中必须严密组织、精心操作，混凝土固定输送泵直接将混凝土输送至浇筑点，减少混凝土运输中水灰比的变化几率，确保混凝土的质量。混凝土浇筑严格按施工顺序进行：接到混凝土浇筑令后，对模板充分浇水，先泵送与混凝土同级配的砂浆，对混凝土分层浇筑振捣，每层控制在 40～50cm 之间，按事先设计好的分段定点一个坡度，分层浇筑，循序推进，一次到位，保证混凝土浇筑的连续性。

混凝土浇筑时，要控制其坍落度。另外在拌合物中可掺加适量的粉煤灰，以减少水泥用量，改善混凝土和易性。

为确保混凝土表面接缝整齐、紧密、无缝，模板应拼缝严密，防止漏浆。施工缝的处理严格按规范规定进行，在后续混凝土施工前，对接缝处必须先清洗润湿，浇筑 10～15mm 厚与混凝土同配合比砂浆后，再进行施工。

混凝土养护是保证混凝土质量的一个重要组成部分。为了保证混凝土强度的正常增长，防止混凝土表面出现裂缝，在混凝土浇筑后即用草袋覆盖，在 7d 内确保草袋湿润。混凝土拆模时间应根据留置的混凝土同条件养护试块强度确定，侧模板则可在混凝土浇筑后 2d 拆除。模板拆除后应继续养护混凝土。

4.2　体育馆木地板施工技术

4.2.1　技术特点

（1）木质材料选用

比赛用运动木地板主流以枫木运动木地板为主。枫木运动木地板是一种具有高吸振性和连续性的固定悬浮式的专业运动木地板系统，完全符合专业要求。枫木之所以被视为制造体育运动木地板的唯一材料，不仅在于它的外表纹理美观，具有良好的环境适应性，外观亮丽、耐用、维护简单方便等优点，还因为它具有纤维不容易断裂脱落，以及在变形后仍可变回原状的优点。同时较长的木纤维和紧密的木纤维结构，使枫木材料有很好的弹性和硬度，因此使用枫木作为运动木地板是行业的主流选择。

（2）应用范围

运动场地面层是指场地的表面层，可以满足运动项目所需要的摩擦、保护、标识、色彩、反光等特性要求。木地板面层主要用于室内体育设施，可广泛适用于篮球、排球、羽毛球等体育活动，是最常用的室内体育设施场地面层。篮球高水平赛事的场地面层均使用木地板，部分排球、羽毛球、手球、乒乓球的高水平赛事，也使用木地板面层。

体育场馆专用实木地板各项运动性能指标必须符合表 4-4 的标准。

体育场馆专用实木地板各项运动性能指标 表 4-4

冲撞力吸收性	谐振振幅	变形曲度 W500	球类回弹力	摩擦系数	滚动荷载
≥53%	≥2.3mm（标准变形）	≤15%	≥90%	0.4~0.6	>1500N

（3）木地板应用赛事场地要求

1）国际篮球比赛场标准：篮球场地长 28m，宽 15m。长宽之比 28：15。篮圈下沿距地面 3.05m，线条宽度为 5cm，天花板或最低障碍物高度至少 7m。排球比赛场标准尺寸为：长 18m，宽 9m 的长方形，四周至少有 3m 宽的无障碍区，比赛场区上空的无障碍空间从地面量至少高 7m。国际排联世界性比赛场地边线外的无障碍区至少宽 5m，端线外至少宽 8m，比赛场地上空的无障碍空间至少高 12.5m。成年世界锦标赛和奥运会比赛，其无障碍区边线外至少宽 6m，端线外至少宽 9m。

2）羽毛球场标准：长度为 13.40m，双打场地宽为 6.10m，单打场地宽为 5.18m，按国际比赛规定，整个球场上空空间最低为 9m，在这个高度以内，不得有任何横梁或其他障碍物，球场四周 2m 以内不得有任何障碍物。任何并列的两个球场之间，最少应有 2m 的距离，球场上各条线宽均为 4cm。

3）乒乓球比赛场地标准：长度不少于 14m，宽度不小于 7m，高度不小于 4m；乒乓球台面长 2.74m，宽 1.525m，高 0.76m，球网长度为 1.83m，高度为 15.25cm。

4）手球比赛场地标准：比赛场地为长方形，长 40m，宽 20m，由两个球门和一个比赛场区组成，长界线称边线，短界线称球门线和外球门线。比赛场周围应有安全区，离边线至少 1m，离球门线至少 2m（图 4-6）。

图 4-6　木地板赛事场地

4.2.2　施工技术

木地板有固定式和可拆装式两种，可拆装式木地板在赛事时临时铺设，赛后收起恢复原地板面层。

（1）体育场馆木地板的综合要求

1）必须满足运动项目功能要求。

2）选用的树种木材除符合要求外，还应材质硬度较高，材性好，不易因温、湿度变化而变形，表面不易起刺、产生磨损及虫蛀；几何尺寸较稳定，经人工平衡干燥后无内应力，含水率略低于当地平衡含水率 2%；加工精度高，相互拼装严丝合缝，误差小。

3）环保要求应符合相关标准规定。

4）铺设要求。

板面拼装缝隙宽度、板面拼缝平直、相邻板材高差、面层开洞等项目允许偏差应符合相关标准的规定，同时还必须符合体育场馆木地板的设计规定。

铺装好的木地板层表面，用 2m 靠尺测量，其平整度应不大于 2mm；场地整体平整，在 15m 距离内平整度不大于 15mm。

5）表面层颜色。

表面层颜色不应影响赛场区画线的辨认，其眩光不影响木地板场地的使用。组合型表面层应是糙面，既有微小粗糙度又有宏观上的平整光滑，易保养，寿命长。

6）场地规格与标志。

场地规格、预埋件、标志块和标志线应经久耐用、醒目，与场地的功能要求一致，并符合相应运动项目的要求。

符合基本要求的地板层，不适合田径运动中的投掷运动和举重中杠铃的冲击，必须对地板层做相应的保护（如辅以足够强度的垫子）。在场馆使用时，噪声的扩散和振动的传播等地板层的特性应符合相关约定。

（2）体育场馆木地板的施工条件

1）地板施工前土建工程必须完工并清理干净，地面施工质量必须达到建筑图纸设计要求。

2）室内水电等安装工程结束，特别是水网管道必须经过打压试验，确认已达到设计要求，正常使用对木制地面不产生影响。

3）室内装饰工程结束，以免交叉施工对木制地板施工造成影响及损坏。

4）地面温度或平衡含水率与外界基本一致。

（3）体育场馆木地板的施工技术

1）测量放线

按图纸画出主、辅龙骨及垫块的位置线，以场地中心起至四周每纵横 3m 处的垫块为基准点做特殊标记。用水准仪在基准点上测水泥地面的高度误差，做好记录，在基准点的水泥地面上标出高度值。

2）安放木垫块

在基准点处安装 50mm 厚基准垫块，上面的标高误差不超过±1mm，有误差处用单板找平再用水准仪校对；用大于 3m 长度的铝合金平尺，横向和纵向跨于两面三刀基准垫块上，然后在铝合金平尺下面按画线位置放入其他垫块，同时找平，与基准垫块同高。木垫块起调整地面高低差的作用，同时架高整个木地板结构，利于隐蔽结构的通风，是隐蔽工作找平的第一道工序，是整个木地板系统平整度的基础，单个木地板垫块高低水平度调好后，侧面用气枪钉与木龙骨固定。

3）安装木龙骨

首先将龙骨码放成排，间距 300mm。将起始龙骨摆放在中心线位置上，将木垫块安放在龙骨弹性垫块下，用激光水平仪调平（如阳光过亮则使用光学水平仪），待整条龙骨调平后作为标准起始龙骨，起始龙骨安装完毕后即为标准龙骨，加以保护，不能随意调整。

从起始龙骨向两边以 300mm 间距排列龙骨，整体调平，步骤与起始龙骨一样，每排找平龙骨均需要用激光水平仪（或光学水平仪）抄平，龙骨到墙后无论间距是否满足 300mm，均需要在距墙 50mm 处安装附加龙骨。龙骨要求抗弯强度不低于 17MPa，抗压强度不低于 15MPa，抗拉强度不低于 9.5MPa，弹性模量 10000MPa。所有龙骨安装完毕后统一抄平。

4）安装弹性胶垫

弹性胶垫是保证体育地板振动吸收的关键构件，安装位置要准确，保证整个地板系统性能均匀。弹性垫块安装在木龙骨下方，弹性垫安装要在龙骨安装前完成，根据不同龙骨位置现场固定在龙骨背面。

5）安装毛地板

毛地板铺装与龙骨平行铺设，将多层实木毛地板互相错开，铺在主龙骨上用圆钉斜向钉紧。毛地板多采用针叶实木条、多层胶合板，控制好其规格、加工质量、含水率。

6）防虫、防腐、防潮处理

① 防虫：凡进场的夹板和上、下龙骨，均采取两遍防虫措施，按3%的比例用清水勾兑氯化钠溶液，涂刷木料的各个部位进行防虫杀菌。

② 防腐：是保证木地板使用寿命的重要一环，涂满环保型防腐涂料。这种涂料附着力强，防腐性能好，无毒、无味，对人体无任何毒素刺激，是木材防腐的较好材料。

③ 防潮：选用防潮无毒薄膜，沿龙骨方向铺设防潮隔离层，保证铺放均匀，不可打折。防潮层表面不得有洞、眼、撕裂，否则应修补，这样既可防潮又能吸声，大大提高了木地板的使用性能。防潮层一般采用塑料薄膜、玻璃布、沥青、油毡、泡沫塑料薄膜、挤塑聚苯板、封边条等。

7）木地板面层铺装

采用螺纹地板专用钉，每块木地板面层与木板交接处均固定，保证均匀克服地板因环境温湿度变化引起的变形力，从而避免木地板的起翘。

沿中心龙骨方向逐根连接铺设中心地板，表面与设计标高一致，位于中心位置，棱边呈直线，合格后从两侧加固，中心地板为两侧榫头型，加固时在两头及中间每400mm处钉钢钉，并钉入地板内，不得损伤地板，钉眼处平整光滑。

沿中心地板的两侧同时铺设其他地板，到墙边后距墙20mm进行切割，保证与墙体有20mm左右间距，保证整个系统的排风通畅。

8）含水率控制

面层地板提前3～7d到场，以使原材与当地潮湿度相平衡，面板含水率为8%～13%；其余木构件含水率不大于15%，形成合理的湿度梯度。

9）面层打磨

在面层上用打磨机打磨，大面积粗磨采用80～120号木砂纸，消除木毛、机械痕迹及安装误差；大面积细磨采用35号木砂纸打磨，表面平整、细腻；然后再检测，要求3m直尺测量间隙3mm以内，误差大处再进行打磨修平，反复进行打磨处理，直到符合要求再进行磨光。最后，清理、擦拭表面粉尘。

10）面层涂漆

涂水基底漆，再打磨，采用 500 号漆膜研磨砂纸去除颗粒毛刺，打磨要均匀一致，不得损伤板面，打磨后逐块检查，必要时补充加工，将打磨后的粉尘清理干净，最后涂亚光耐磨环保水基地板漆，层间打磨要求不留痕，无气泡，且平整均匀。

4.3 游泳池结构尺寸控制技术

4.3.1 技术特点

游泳池有 8 个泳道，每道宽 2.5m，边道另加 0.5m，两泳道间有分道线，分道线用浮标线分挂在池壁两端，池壁内设挂线勾，池底和池端壁应设泳道中心线，为深色标志线。出发台应居中设在每泳道中心线上，台面 50cm×50cm。台面临水面前缘应高出水面 50～75cm，台面倾向水面不应超过 10°（表 4-5）。

标准游泳池规格 表 4-5

等　级	比赛池规格（长×宽×深）（m）		池崖宽（m）		
	游泳池	跳水池	池　侧	池　端	两池间
特级、甲级	50×25×2	21×25×5.25	8	5	≥10
乙级	50×21×2	16×21×5.25	5	5	≥8
丙级	50×21×1.3		2	3	

4.3.2 施工技术

（1）游泳池结构尺寸控制

1）游泳池尺寸示意图

游泳池为无缝施工，为此，需严格控制其模板、钢筋、混凝土分项工程的施工，保证游泳池施工过程中长度不出现负误差，保证标准游泳池（比赛池）完成后的净长度为 50.03m，短池、训练池完成后的净长度为 25.02m，精度满足国际泳联的有关要求（图 4-7）。

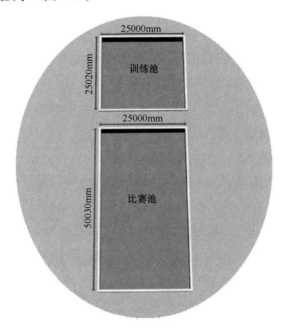

图 4-7　游泳池尺寸图

2）游泳池结构施工尺寸控制标准及要求（表 4-6）

游泳池结构施工尺寸控制标准及要求　　　　　　表 4-6

检查项目		施工控制（mm）	检查点数	检查使用工具
尺寸偏差	长度	±3	每层不少于 10 点	专业测量仪器及钢卷尺
	宽度	±2	每层不少于 10 点	专业测量仪器及钢卷尺
	高（厚）	±2	每层不少于 10 点	专业测量仪器及钢卷尺
	角度偏差值	2	每层所有转角地方	专业测量仪器
	表面平整	2	每层不少于 10 点	专业测量仪器、塞尺、钢卷尺、测量线
	池壁垂直度	±4	每壁面不少于 10 点	专业测量仪器及靠尺
	预留中心孔洞	3	每孔洞 1 点	专业测量仪器及钢卷尺

（2）工艺流程及施工技术

1）工艺流程

游泳池底垫层施工→游泳池钢筋绑扎（地板内预埋好支模马凳铁和钢板网）→游泳池模板支撑→池底混凝土浇筑→池壁混凝土浇筑（池底混凝土初凝前）→养护→拆模。

2）施工技术

① 在施工前，必须进行可行性分析，并严格按设计及规范进行混凝土配合比设计并试验，确保水泥、外加剂、聚丙烯纤维等之间匹配良好。

② 浇筑混凝土前制订详细的补偿收缩混凝土施工方案，包括混凝土的浇筑流向、带宽等，保证混凝土接槎时间不超过 2h；游泳池底板和侧壁必须连续浇筑，不留施工缝；侧壁应在地板混凝土初凝前进行浇筑，浇筑侧壁时须将地板上与侧壁交接处的混凝土进行振捣。

③ 为使聚丙烯纤维均匀分布，商品混凝土搅拌时间需得到保证；在混凝土开始浇筑前，必须将模板淋湿，防止因水分散失导致水泥水化反应不充分，影响其效能发挥。

④ 夏季施工时，泵送混凝土应对输送管用麻袋等物覆盖并经常浇水保持湿润，防止混凝土坍落度损失过快，导致堵管等现象；雨期施工时，应采用防雨措施，并用坍落度筒随时检测现场混凝土坍落度，据此调整配合比，确保现场混凝土坍落度达到设计要求。

⑤ 混凝土表面收干后，必须采用木抹子抹压表面至少 3 遍，在夏季或高温天气，更须不停搓压，以防表面出现裂缝，并满铺麻袋进行浇水养护；对于侧壁，应保证模板湿润或混凝土构件表面湿润，通常可采用在侧壁表面刷养护剂，并经常浇水保持湿润的养护方法。

（3）游泳池结构的模板施工技术

作为游泳池尺寸控制的主要保证部位，池壁模板必须满足强度及刚度的要求，模板的加固要牢固可靠。游泳池墙体采用连续浇筑，以此为前提进行模板设计，模板采用多层板，次龙骨为 50mm×100mm 木方，间距 300mm，方向为横向；主龙骨为 100mm×100mm 木方，双向间距 500mm，方向为竖向；第三排龙骨为双排钢管，通过止水型对拉螺栓与对面模板对拉，间距小于500mm。内侧模板置于短钢筋上，并通过另一竖向短钢筋焊接在底板底铁上（附加底铁，不焊于结构原设计钢筋）。池壁模板支撑体系安装示意见图 4-8。

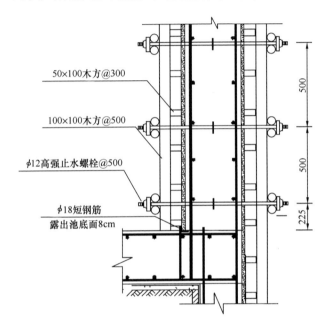

图 4-8　池壁模板支撑体系安装示意图

（4）测量精度控制

游泳池对长度精确度要求非常高，长 50m 的泳池允许偏差为＋0.03mm；长 25m 的泳池允许偏差为＋0.02mm。测量必须及时跟进，每一步测量工作需细致到位。从结构开始到池砖完成，池壁需多次测量放线：混凝土结构放线→模板安装放线→模板安装完校正→贴砖灰饼放线→贴砖控制线等，池底的标高也需要多次测量控制，才能满足相关设计规范要求。

游泳池的施工从头到尾均体现出"细"的观念，过程中需要施工单位和监管单位共同尽心尽力，严把质量关。

4.4　射击馆噪声控制技术

4.4.1　技术特点

射击馆对噪声控制的要求高，噪声会影响运动员水平的正常发挥，如何有效控制机电设备运行时产生的噪声是重点。

4.4.2　施工技术

（1）射击馆的主要声学特征在建筑设计时已大体确定，在施工阶段将严格遵循设计原则，保证结构尺寸、空间构造、材料吸声率等各个方面符合要求，为后期综合调试打下坚实的基础。

（2）设计中已考虑了空调系统消声减振设备，因此施工中必须严格按设计设置此类设备；对风管系统进行优化设计，减少局部风阻，保证风管连接处、咬口处的平整，以减少沿程风阻，从而减少风阻过大产生的噪声；在风管加工时，增加加强筋，增强风管壁的强度，以避免风管共振产生的噪声。

（3）电气系统施工时，严格控制电缆与电气设备的压接点，施工过程中保持配电设备的清洁，避免因灰尘进入电气设备，造成接触器、继电器触点间不完全接触而产生的噪声。

（4）在装修工程实施中密切配合业主、设计单位工作，在项目主体、装饰工程施工过程中根据业主、设计单位对工程各个功能部位的不同声学特征要求进行实施与监控，为业主、设计单位提出合理建议，并进行声学特征的检测工作。装修工程中采用吸声墙面、吸声顶棚等材料。

（5）在深化设计和实际施工选材过程中，选用消声和低噪管材，如PVC选用低噪声的加厚螺旋管材，钢管选用内壁光滑的管材以避免管材中局部阻力导致的噪声增加。

117

（6）根据体育场所的特定低噪要求，所有冷水机组、水泵等振动设备选用低噪设备，如采用 38dB（A）以下的风机盘管；所有管道与设备连接处均采用避振喉，使设备的振动尽可能少地传递到管道系统；水泵等设备前加装缓闭静音上回阀，减轻水泵启停时的噪声。

（7）在比赛区、观众席、记者席、贵宾房等降噪要求高的地方，风管采用减振支吊架；风管穿越隔墙等部位时，为防止噪声穿墙传递，产生新的噪声源，两端应加柔性接头。

4.5 体育馆人工冰场施工技术

4.5.1 技术特点

标准人工冰场是冬季运动会比赛的主要场地，可以承担短道速滑、花样滑冰、冰球比赛、冰壶运动等体育比赛项目。

人工冰场供竞赛与训练用的规格：冰球标准竞赛场地为长 56～61m、宽 29～30m，场地四角为 7～8.5m 半径圆弧；该标准竞赛场地可以涵盖短道速滑场地、花样滑冰场地、冰壶运动场地。国际比赛场地一般采用长为 60～61m、宽为 29～30m，场地中角圆弧半径为 8.5m 的场地。速度滑冰标准竞赛场地为长 180m、宽 70m。

冰表面的温度要求：冰球－7～－6℃；短道速度滑冰－6～－4℃；花样滑冰－5～－3℃；冰壶运动－5～－4℃；速度滑冰－5～－7℃。相关行业标准对冰场冰面风速也提出了要求，按项目分为：冰球 1m/s，速度滑冰 1.5m/s，花样滑冰 0.7m/s。风速的大小不仅会影响到运动员比赛发挥，而且会影响冰场负荷的大小，在建筑设计中应认真把握控制。冰场冰面厚度的控制，按运动使用要求和设备节能工况，一般竞赛、训练为 3～5cm 厚，娱乐性质冰场冰面厚度可为 5cm 厚。

人工冰场主要设施是制冷系统、冷水机组、场地制冷排管、电气控制、制冷系统中的冷却设备等，冷却设备质量的优劣，决定制冰的效果。制定好的供冷方式、选择好的冷却设备是建造人工冰场的关键。

4.5.2 施工技术

（1）人工冰场的构造

人工冰场的场地构造是一个复杂的多层结构，室内、室外、露天冰场场地构造做法大致相同，主要层次分为场地冰面层、冰场基层（蓄冷层）、滑动层、防水层、保温层、防水层、基础加热层、基础结构层。

冰场的面层做法通常有 3 种：钢筋混凝土、铺砂面层和裸管面层。对于娱乐和非永久性冰场，为节约成本可选用后两种形式，然而，对于永久性室内比赛冰场应首选钢筋混凝土面层。

1）人工冰场面层：60mm 厚 C40D200 抗冻混凝土（原浆抹光，内埋设 ϕ25HDPE 冷媒排管，排管上口铺设 ϕ4@80mm 双向刻纹钢筋网片），严格控制好表面平整度，及时养护，防止开裂。

2）冰场基层（蓄冷层）：200mm 厚 C40D200 抗冻混凝土（内设 ϕ10@150mm 双层、双向钢筋网片），加强对混凝土配合比的控制，在浇筑过程中严把质量关，满足相关设计规范要求。

3）干铺滑动层：铺贴时注意表面平整，不起鼓、起皱。

4）保护层、隔热层、防水层：30mm 厚 1：2.5 水泥砂浆保护层；采用 50mm 厚聚苯乙烯挤塑板，平铺均匀，面上盖塑料薄膜作为隔热层；采用 2mm 厚聚合物水泥防水涂层（或其他设计材料）。

5）基础加热层：80mm 厚 C25 混凝土（内埋设 ϕ25HDPE 热水排管）。

6）基础结构层：300mm 厚 C25 钢筋混凝土结构层板，施工中加强质量控制，满足混凝土相关施工规范要求。

（2）人工冰场施工技术

1）冰场的供冷方式

人工冰场通常采用氨泵循环直接供冷和载冷剂间接供冷两种方式。直接供冷模式是把场地排管直接作为制冷系统的蒸发器，该方式不需要作为过渡的载冷剂冷却设备和系统，相对来说投资经费、运行费用低，但蓄冷能力差，在安全和环保方面还存在隐患；间接供冷是通过制冷系统冷却载冷剂，再将载冷剂送入场地排管冻冰和维持水温，优点是蓄冷能力大，温度比较稳定，适应负荷变化能力强，容易满足设计要求，冷冻液环保安全，但成本比直接供冷式高出20％左右。

2）冰面起雾和顶棚结露控制

① 室内人工冰场冰面以上的空间温度随着室外暖湿空气的穿入和冰场冷辐射的影响，经常会出现冰面起雾和顶棚结露的现象。冰面雾气影响正常使用，严重时会造成运动员的碰撞事故。顶棚结露会使建筑物受潮，使钢结构、照明灯具、音响等设备锈蚀和损坏，结露严重时还会滴水至冰面，使冰面形成许多小疙瘩，影响冰场使用。

② 为防止冰面起雾和顶棚结露，在设计中必须考虑室内温度状态的控制，使用中尽量减少室内湿源；避免馆内对流门窗的开启，特别是在夏季应尽量减少新风量；采用全空调系统调温自动除温机可以有效防止上述情况发生。

4.6 网球场施工技术

4.6.1 技术特点

网球场地的标准尺寸为 23.77m/10.97m（双打）；23.77m/8.23m（单打）。如果是两片或两片以上相连而建的并行网球场地，相邻场地边线之间的距离不小于 4.0m；如果是室内网球场，端线 6.40m 以外的上空净高不小于6.40m，室内屋顶在球网上空的净高不低于 11.50m。

网球场面层的主要做法有草皮、红土地、丙烯酸（硬地丙烯酸/弹性丙烯酸）涂料等。由于天然草的养护难度大、费用高，尤其在我国北方四季温差很大，所以很少采用。红土地球场除了专业队以外，一般训练比赛很少采用。硬地场地的面层多采用丙烯酸（硬地丙烯酸/弹性丙烯酸）涂料，目前流行的硬地网球场（美网、澳网）主要采用丙烯酸涂料。丙烯酸树脂网球场适用于专业选手比赛和训练使用。丙烯酸树脂色彩鲜艳，有多种颜色可供选择；具有极佳的耐磨性能；由 100％丙烯酸树脂组成，无毒、无石棉，为环保产品。根据硬度及球速不同，可分为硬地和软垫弹性两个系列。硬地系列主要构造为粘合层、纹理层、表面色彩层和漆线，而软垫弹性系列则是在粘合层与纹理层之间加入粗、细各一层的橡胶层（图 4-9）。

图 4-9 网球场

室内网球馆丙烯酸面层铺设流程：基础检测清理→场地放线→补平→底涂（填充层）一层→中涂（加强层）一层→弹性（粗胶粒）三层→弹性（细胶粒）三层→色涂（纹理层）二层→色涂（终饰层）一层→画线（球场线）一道。

4.6.2 施工技术

（1）对混凝土地面的要求

应采用 C25 以上混凝土。防水层：水泥基础下方必须做防水层，避免涂料面层产生起泡甚至剥离。平整度：用 3m 直尺测量，地面任一方向两点间高差不超过 3mm，面积半径不超过 2m。粗糙度：水泥面应压平，基础面不可光滑，也不能太粗糙，否则费料，表面以 40 目的粗糙度较好。排水：整个球场应有 5‰～8‰ 的排水坡度，排水方向平行于底线方向向一边排水。添加剂：水泥混凝土建造和养护中不可使用固化剂及硬化剂等添加剂。清洁：基础表面必须干燥、清洁，无尘土、油脂及石油产品污渍。

（2）对混凝土地面的处理

水泥基础养护好后（28d），进行涂料施工前须彻底清洗地面。清洗可用磷酸、盐酸、草酸等，不能用硫酸。磷酸最好，盐酸较易购买，但有挥发性。酸洗应准备胶鞋、手套、口罩等防护工具。商品盐酸 25kg/桶，一片标准场约用 3～4 桶。用 85％商业磷酸/盐酸稀释至 10％浓度（1：10 兑水），采用简易农药喷枪或喷筒泼洒于水泥地面。按基础排水坡度，从高处开始喷洒，喷洒后，马上用尼龙或 PP 聚丙烯刷子彻底刷洗水泥表面，至刷洗产生泡沫，再处理下一处。约 15min 后待酸液产生的泡沫完全消失，用清水反复冲洗干净并立即排干场地。采用高压水冲洗地面效果更好。冲洗地面后可进行试水，放水 1h 后将凹陷积水处用粉笔做记号。

（3）弹性丙烯酸施工

1）补平（找平层）一道

在进行面层施工前，整个基础需先试水以检验平整度。试水 1h 后，将地面积水超过 3mm 厚度的地方用粉笔做记号（不可使用蜡笔或油性笔）。待场地完全干燥后用丙烯酸补平剂对这些地方进行补平。

丙烯酸补平剂是一种专门用来修补水泥混凝土基础和沥青基础的高强度丙烯酸胶乳粘结液。混合水泥及石英砂后使用。修补后的地方坚硬、牢固、耐久。

使用铲刀施工补平，在需要补平的地方须先用加水稀释的丙烯酸补平剂溶液做一道涂层，溶液最稀的配合比为水∶料＝2∶1。不要过度稀释，否则会导致斑纹、发泡，产生失去附着力、出砂等问题。此涂层可用刷子刷满整个修补区域，涂层风干需要至少1h。

涂层风干后，将涂料、砂、水、水泥混合物倒入凹坑，用铲刀刮平。尤其要将边缘刮薄，避免留下明显隆起边缘痕迹，这些痕迹需在养护硬化前尽快去除。一旦养护好后，便在上面再做一层稀释的丙烯酸补平剂溶液涂层，并等涂层彻底风干。

丙烯酸补平剂用来修补孔洞和3.0～12.7mm深的凹坑，不能直接用丙烯酸补平剂修补超过19mm深的凹坑。如果大于19mm，则需要分多次补平，超过38mm则不能使用丙烯酸补平剂处理。

必须完全干燥后才可以进行下一道工序，每一道补平至少需要养护24h。待完全干透后，用砂轮打磨补平处的边缘，令地面平整、均匀，然后用吹风机清理地面。

2) 底涂（填充层）一层

底涂专门用来加强丙烯酸涂料面层与基础的粘结，若不施工则球场面层可能会出现起泡、剥落等问题。

丙烯酸胶粘剂不可稀释，应直接使用。使用刷子、滚筒等工具，将丙烯酸胶粘剂均匀地涂在地面。注意，涂刷要完全覆盖地面，但不能有积聚。丙烯酸胶粘剂施工2h后，即可进行下一道材料的施工，涂层仍有部分黏性。丙烯酸胶粘剂涂层不可暴露时间过长。丙烯酸胶粘剂涂层上应施工丙烯酸填充层（强化填充剂）。

3) 中涂（加强层）一层

采用丙烯酸强化填充剂全场涂刮一层。丙烯酸强化填充剂是一种黑褐色、浓缩的100％丙烯酸胶粘剂。在底层上提供一层均质、浓密的垫层，加强涂层与基础的结合。提高整个球场面层的品质。填充剂非常重要，可极大提高面层品质，因色料不能牢固地直接黏附于基础地面，如不使用填充剂则可能会发生脱皮等严重问题配合比见表4-7。

丙烯酸填充剂 表 4-7

材料	丙烯酸填充剂	
	包装	55gal/大桶
	每加仑重量	4.3kg
配合比	丙烯酸填充剂	55gal
	石英砂（60～80目）	272～408kg
	清洁的水	20～40gal

注：1gal=3.785L。

使用软橡胶刮耙，平行刮涂施工，需至少养护24h，使其干透。

4）弹性（粗胶粒）三层

丙烯酸粗胶粒是一种黏稠的、弹性的100％丙烯酸乳胶，混合有特别挑选的大颗高弹性橡胶颗粒，使其在较小的厚度下也能达到很好的弹性。这种均匀的浓缩物只需要加水稀释就可以使用（配合比见表4-8）。

丙烯酸粗胶粒 表 4-8

材料	丙烯酸粗胶粒	
	包装	55gal/大桶
	每加仑重量	4.3kg
配合比	丙烯酸粗胶粒	55gal
	清洁的水	10～12gal

用硬度50或70的软橡胶刮耙施工，第一层沿平行于球场边线方向刮涂，当下一层干燥并养护好后，上一层刮涂方向应垂直下一层的方向。

5）弹性（细胶粒）三层

丙烯酸细胶粒是一种黏稠的、高性能丙烯酸乳胶。混合有特别挑选的细橡胶颗粒，用于丙烯酸粗胶粒层之上，用于找平粗胶粒层的大颗胶粒形成的粗糙表面。使用丙烯酸细胶粒可提供平滑的优质弹性层，有利于之后丙烯酸涂料的施工，提高球场的品质。

用硬度50或70的软橡胶刮耙施工。第一层沿平行于球场边线方向刮涂。当下一层干燥并养护好后，上一层刮涂方向应垂直下一层的方向。

6）色涂（纹理层）二层

采用丙烯酸纹理料混合丙烯酸色料全场涂刮二层。纹理层为含砂的色涂层，作用为增加面层的耐磨度，达到美观的纹理效果，并调节球速（根据国际网联的认证标准：DecoTurf纹理料含砂颗粒较大，更耐磨，二层纹理层再加二层色涂终饰层即可达到中速效果）。

纹理调速料是以浓缩的100%丙烯酸乳液混合优质石英砂形成的。纹理调速料可以掺入色料和水后用于面层的纹理层，采用纹理调速料建造的纹理层浓密、耐久，效果更美观（配合比见表4-9）。

使用软橡胶刮耙施工，将05号与色料、水混合物均匀地刮涂在地面上。

丙烯酸纹理调速料 表4-9

	丙烯酸纹理调速料	
材料	包装	55gal/大桶
	每加仑重量	5.5kg
配合比	丙烯酸纹理调速料	55gal
	丙烯酸色料	15gal
	清洁的水	23gal

7）色涂（终饰层）一层

用丙烯酸色料全场涂刮一层，丙烯酸色料是一种浓稠的高性能丙烯酸乳胶，并掺入特别的填充物以加强性能。丙烯酸色料经加少量水稀释后，不加砂直接使用，可以使得终饰层的色彩鲜艳悦目，并且对气候和紫外线辐射具有很强的抵抗力，使球场面层更美观耐久（配合比见表4-10）。

丙烯酸色料   表 4-10

	丙烯酸色料	
材料	颜色	11 种标准颜色
	包装	55gal/大桶，5gal/小桶
	每加仑重量	4.8kg
配合比	丙烯酸色料	55gal
	清洁的水	38gal

采用软橡胶刮耙平行刮涂，并立即用宽排毛刷进行表面跟随刷涂（图 4-10）。

图 4-10　色涂（终饰层）一层

8）画线（球场线）一道

用丙烯酸白线漆画球场线一道，此白色专用于球场画线，颜色醒目、耐久、附着力强。按网球场国际标准测量弹线（用粉笔），用贴胶纸机将胶纸按线紧粘在地面上，刷一层白线漆。

白线漆不可稀释，应直接刷涂，约 4h 表面即可干燥。

4.7　塑胶跑道施工技术

4.7.1　技术特点

标准塑胶跑道全长为 400m，应由两个平行的直道和两个半径（36～38m）相等的弯道组成，新建体育场应采用 400m 标准跑道，弯道半径为 36.5m，两圆心距（直段）为 84.39m。赛道宽度最小为 1.22m，最大为 1.25m，分道线宽 5cm，所有分道宽应相同。

环形 400m 跑道的允许偏差＋0.04m，直道 100m 允许偏差＋0.02m，均不得出现负偏差值。

塑胶跑道对田径比赛至关重要，对表面平坦性要求非常高，施工时控制好沥青混凝土面层稳固及表面平坦度，才能符合特别平坦的比赛场地要求；田径比赛时对跑道的冲击力非常大，因此要求跑道的铺贴必须牢固安全，控制好胶板与基层的粘结是重点（图 4-11）。

图 4-11　塑胶跑道

施工流程如下：

材料准备→基础清理→放线→铺涂底胶→打磨胶板→粘结胶板→面层喷胶→画线→清理场地。

4.7.2　施工技术

（1）沥青混凝土面层施工技术

沥青混凝土面层铺设一般分为两层摊铺，底层为中粒式沥青混凝土垫层，面层为细粒式沥青混凝土面层。

1）沥青混合料摊铺

沥青混合料摊铺必须在下层检查完毕，并验收合格后方可进行。为保证沥青混合料摊铺质量，应避免纵向搭缝。底层采用双面挂线，面层使用浮动基准梁确保平整度。固定预热 5～10min，使熨平板温度不低于 65℃，并在熨平板下面拉线测校，保证熨平板的平整度。混合料的正常摊铺温度应为 110～130℃。将检测合格后的沥青混合料倒入摊铺机料斗，并启动摊铺机，按 2～3m/min 的速度进行摊铺。当摊铺 5～10m 后，用细线横向检查摊铺厚度。在摊铺过程中应保持摊铺机连续均匀行走，中间不得有停机待料现象，在摊铺过程中，摊铺的混合料应得到有效的振动和压实，并不得有离析、撕扯、孔眼较大和横向垄埂等现象，摊铺机后设专人跟机，对局部摊铺缺陷进行人工修整。

2）沥青混合料碾压

沥青混合料碾压初温不得低于 110℃，首先采用轻型钢轮压路机或振动压路机进行初压，由边向中、由低向高顺序静压两遍，碾压速度为 1.5～2km/h。初压后检查平整度和路拱，必要时应予修整。复压紧接在初压后进行，复压采用重型的轮胎压路机，碾压速度为 5km/h，碾压遍数经试压确定，一般为 4～6 遍。终压紧接在复压后进行，终压采用双轮钢筒式压路机碾压，碾压速度为 2.5～3.0km/h，碾压终了时温度不得低于 70℃，最后路面应无轮迹。碾压纵向进行，由低向高慢速均匀地进行，相邻碾压带应重叠至少 30cm。碾压时，压路机不得中途停留、转向或制动。当压路机来回交替碾压时，前后两次停留地点应相距 10m 以上，并应驶出压实起始线 3m 以外。压路机不得停留在温度高于 70℃ 的已压实的混合料上，同时应防止油料、润滑脂、汽油或其他杂质在压路机操作或停放期间落在路面上。在压路机碾压不到的地方，可用振动夯进行充分夯实。面层碾压成型后，派专人负责维护。

3）接缝处理

铺筑工作应合理安排，尽量减少横向接缝，横缝采用直槎热接。在摊铺结束前，在预定结束的端部，放置与压实厚度等厚的木挡板，木挡板外部撒一层细砂。下次施工时，撤走木挡板和外部的混合料，用 3m 直尺找平，将端部不符合要求的 1m 左右的混合料切除。摊铺前，应在接缝处涂上一层热沥青，并用热混合料将接缝处加热，料高 15cm，宽 20cm，10min 后清除。摊铺时应掌握好松铺厚度和横坡度，以适应已铺路面的高程和横坡。压实时，应对接缝处用钢轮压路机反复横向压实，压路机不易压实处，用人工夯实、熨平，直至接缝处路面平整度达到要求为止。

（2）塑胶跑道的粘结技术

1）跑道打磨

将塑胶跑道（底部朝上）自然摊铺在地面，使用打磨机对底层表面进行打磨。增强跑道与基础面层的粘合力，使其粘结得更为牢固。打磨过程中打磨机要匀速前进，切勿损坏跑道表面。

2）铺贴底胶

用专业的封底胶（甲乙组比例 1∶4，2％的催化剂，另加少量胶粉）进行铺涂，从起跑区开始，沿跑道跑进方向铺涂。

底胶作用：防止底层渗水、基础找平；该专业封底胶与底层基础和上层胶板具有较好的粘合力，从而可确保跑道的粘结效果。

3）跑道粘结

① 摊铺胶板

施工标线画好后，以一条曲直分界线为基准，由内沿开始将跑道展开，沿画好的施工标线对齐，依次摆放跑道，横向压头以 200mm 为宜，纵向跑道以对齐为宜，并根据温度不同放置 30～60min。

胶板作用：塑胶面层可让物料恢复原状态和适应天气；把塑胶面层铺在对应的位置上（把 1 号跑道的面层铺在 1 号跑道位置，2 号面层铺在 2 号跑道位置）。

质量检查时把损坏和不平整的部分切割掉，把所有接口切齐并整理好。

② 铺涂胶粘剂

跑道摆好后，在粘结前，先将跑道由两端分别卷起，由卷好的跑道中心往一个方向在地面上刮胶。地面刮胶时，胶粘剂的用量应适中，应控制在 $0.7 \sim 1 kg/m^2$ 之间，刮涂要均匀，控制好胶粘剂的黏度，在最佳时间内进行铺设。

③ 粘结

在与地面粘结时，操作跑道铺设要十分细心，跑道的侧边应与地面施工标线对齐。先将跑道卷起的一侧进行粘结，粘结好后，再将另一侧进行粘结，依次先将内侧跑道粘结好，其他各道铺设过程与第一道铺设大体相同。

跑道两侧边在粘结过程中，应将存留在跑道底部的空气赶挤干净，为确保侧边粘结牢固，应在跑道与跑道侧边，用专用工具撬划一下再压稳，这样可以使侧边的粘结接口压住，直至胶水固化。小方格一半填胶水一半填满空气。运动员在上面比赛时，空气和原胶受压缩储藏能量和避反振，在脚底离开面层时，原胶和空气随着扩充把能量反送给运动员。弯道的铺设与直道铺设流程基本相同，但在操作过程中要更为细心。

④ 表面压制

跑道与地面粘结好后，为确保跑道与地面粘结牢固，防止跑道翘边，对已粘结好的跑道用重物将边缘部分压住，跑道两侧可用建筑红砖的大平面，一块接一块压稳，跑道与跑道端面接口处应用压重物方式处理，采用压边方法，但需用四层红砖，沿中心向两侧各摆三排平砖，直至胶水固化，以确保铺设质量。

在处理弯道过程中，由于跑道受力明显增强，跑道边缘的重压物比直道跑道粘结时重压物要增加一倍，且跑道表面中间沿纵向还要再压一层红砖，保证跑道粘结的效果。

⑤ 端口裁接

端面接口粘结时应先将一端跑道用钢尺压稳、裁齐。上压跑道与下压跑道在端口粘结时应考虑低温时的收缩量，使上压板与下压板有余量，挤粘两端口应涂有胶粘剂，以便得到更好的粘结效果。

4）清洗场地

跑道粘结完毕且胶粘剂完全固化后，将场地清洗干净，同时检查跑道端口的接口处，对接口不牢或不平整的区域及时修补，为下一道工序施工做好准备。

5）画线

对场地修补、清洗后，进行画线。画线是精雕细琢的工作，除确保测量仪器、设备、工具的精确度以外，施工人员应具备责任心强、工作认真的素质。其测量精度为万分之一，选用的钢尺应充分考虑尺长检定及修改，点位线放完后，应进行三人校对，校对符合要求后再喷线。喷线盒应每道一个，以保证跑道弧线的均匀一致性。喷线过程中，注意喷线盒要及时清洗，避免喷线漆滴落在跑道表面，以保证跑道表面的美观、整洁。

4.8　足球场草坪施工技术

4.8.1　技术特点

标准足球场地规格分为：一般性比赛场长 90～120m，宽 45～90m；国际性比赛场长 100～110m，宽 64～75m；国际标准场长 68～105m；专用足球场长 68～105m。

足球场草坪（图 4-12）分为天然草坪和人造草坪。当生长条件极端不利于天然草坪的建植时，人造草坪是很好的选择。但是由于人造草坪大多采用化学纤维材料，而且以沥青或混凝土作基层，所以其表面硬度大，缓冲性能差，反弹力高，运动员与草坪之间的摩擦力大，易造成运动员的脚踝或膝关节受伤。天然草坪具有较高的通水性和通气性，适当的软硬度，利于运动员运动水平的发挥，这里主要介绍天然草坪的施工。

图 4-12　足球场草坪

4.8.2　施工技术

（1）素土开挖、碾压

开挖土方前应探明场地地下管线情况，根据设计高程及现场情况对场地进行开挖。开槽完成后应对场地进行压实，若场地有回填土，回填土的土质必须符合要求，不得含有杂质、有机物等，回填粒径≤10cm。无回填土的可以直接用压路机进行压实。基土压实标准以重型击实试验为准分层测定，每层压实度均应符合规范要求。施工期间应保持场地始终处于良好的排水状态，并挖临时集水坑，以保证施工场地不积水和不受冲刷损坏，临时排水设施要求与永久性设施相结合，同时注意不得影响环境和其他设施。压实过程中不得有翻浆、弹簧、起皮、波浪和积水等现象。雨期施工时，场地按 2‰ 的坡度放坡，并做好面层排水，尽量做到雨前将摊铺的松土压实完毕，否则复工时应恢复含水量标准才可施工碾压。碾压时，从低处至高处碾压，碾压轮迹重叠 20～30cm，用 6～8t 压路机随压随洒水。采用 8～12t 中型压路机进行洒水碾压。这一阶段碾压直至不起波浪，表面无轮迹为止。

（2）喷灌系统和排水系统

1）喷灌系统由喷头、自控器、电磁阀和 PVC 管组成。外部设置给水泵与给水管道相连。床土内设置湿度感应探头，给水可自动控制。因金属管道和管件易发生锈蚀，堵塞喷头和电磁阀，故管网采用耐压大于 1.0MPa 的 UPVC 塑料管及管件。在施工时要保证喷头顶部低于地面 2cm，以免伤害运动员和妨碍草坪机械作业。在干管上要安装泄水装置，以便于冲洗管道和冬季防冻。管道安装完后要用喷头压力 1.5 倍的试压标准进行半小时打压试验，合格后才能进行下一步施工（图 4-13）。

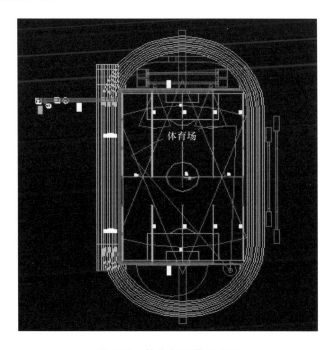

图 4-13 体育场喷灌系统图

2）排水系统。

① 盲管层：盲管呈人字形排列，管道之间的距离为 10～15cm，为防盲管堵塞，在盲管的底部和两侧要铺设 60 目的窗纱或无纺布，盲管底部铺设 10cm 厚粒径 3～5cm 的碎石，并按坡降要求整平，然后在盲沟内的碎石上铺设管径 10cm 的多孔塑料波纹管，最后用直径 3～5cm 的碎石覆盖盲管沟，填至盲沟

面平。

② 滤水层：能够排出坪床结构内多余的水分，一般从下到上为砾石过渡层、粗砂层和种植层。施工时，从下至上依次铺设 10cm 厚直径 4～6cm 的卵石层，10cm 厚直径 2～4cm 的碎石层，在滤水层铺设过程中，卵石和碎石都要清洗干净，以利排水。每层铺设的时候都要严格按照要求的坡度和尺寸压实找平，在碎石层的上面满铺一层纱布，搭接宽度不小于 10cm。

③ 排水沟承担着收集和排出盲管内的水以及地面排水的功能。因为排水沟较长，在定位放线时要间隔 20m 设置控制桩，用来设置、校准排水沟的直线位置，然后进行开槽、修边、整平、夯实，用直径 2～4cm 的碎石作垫层。

（3）营养土层施工

1）首先在场地外侧选出一片空地，利用机械进行种植土的拌合。种植土包含以下成分：①细砂；②泥炭土；③膨化鸡粪；④保水剂；⑤化肥，具体比例根据施工图纸进行配比。

2）在种植土拌合均匀后，利用小型运输车将土运至场地内堆放。组织工人将种植土进行摊铺，摊铺过程中预留出 3～4cm 余量，以便碾压后能够达到设计标高。

3）种植土摊铺完成后，利用轻型压路机进行碾压 2～3 遍。碾压过程中，避免将种植土碾压过实，不利于草坪生长。碾压过程中，测量人员应随时根据施工图纸对场地标高进行检测，以达到设计要求。

（4）天然草坪铺设

1）当场地基础完成后，将成品草茎运到场地，草茎由成熟草皮收获加工而成，健壮，无土，长度 5～8cm，含 2～3 个茎节。撒植量 0.5～1m³/100m²，撒植后覆砂 2cm，滚压。草皮纯种，生长要求超过一个生长季，无病虫杂草为害，草皮颜色深绿，生长均匀一致，草层高度≤2.5cm，根层厚度≤2cm，盖度 100%，密度 1.5～4.0 枝/cm²。

2）将成品草茎按照要求的密度均匀地撒植在营养土层上，在非常短的时间里经过整理（浇水、施肥、碾压等），草茎基本扎根。

3）在扎根的成品草坪中，补铺多年黑麦草 $15\sim30g/m^2$，经浇水、施肥、碾压、修剪等养护程序保证混播的成品草坪能够达到密实度和成活率的要求。

4）在成品草坪铺设完毕至少一周后，开始画线，找好球场中线，草坪车在保护板上按直线铺装，直达边线。从而保证草坪毯平整垂直，按此顺序铺装直至完成。

（5）草坪养护措施

1）养护方案

建植后的新草坪需 $4\sim6$ 星期的特殊养护。在此期限间，草坪需频繁浇水以促进根系活跃生长与扎根。要保持土壤湿润直到幼苗达到 5cm 高，然后逐渐减少浇水次数。在这段时期，需供给幼苗充足的肥料以满足其活跃生长的需要，有利于生长健壮的成熟草坪草的形成。在新草坪首次修剪之前进行轻度滚压，可以促进草根的分蘖与葡匐茎的生长。要注意的是：在建植草坪后的六个月内，对新建草坪要精心护理，尽量不使用，以减少对幼苗的损伤。

2）修剪

适时适当的修剪可使草坪保持良好密度、控制杂草、减少病害、维护球场的使用功能。足球场草坪的高度一般保持在 5cm 左右，在春季每星期需修剪一次，在夏季草坪草生长旺期每星期需修剪 2 次。修剪出的草屑要运出场外处理。

施肥：施肥是保持足球场草坪品质的重要措施，施肥的种类和数量要依据当地气候、土壤、草种使用强度和修剪频率而定。气温高、湿度大时，草坪草生长慢，需肥少，反之需肥较多。要根据草坪草的长势来决定施肥的直接方法。

3）除杂草

发现少量杂草必须人工拔除，杂草数量多时要依靠草坪草的生物学竞争来抑止它们或用化学除草剂来除掉。

4）灌溉

灌溉是足球场草坪草最关键的养护管理措施，适时补充土壤水分是常规管理项目。对于足球场草坪要保持其优质品质，必须及时灌溉，通常，种植层干到 2～3cm 时就要灌溉，一般在施肥后都要随即灌水，使肥料溶解渗入植物根系生长的土层。

5）覆砂

打孔覆砂的作用是保持场地平整的重要措施，可提高球场表面的弹性、改良土层结构、增加土层的透气性和透水性。为促进根系发育，覆砂的材料应以细砂为主，适当配以有机肥和缓效化肥。覆砂的厚度每次不得超过 0.5cm，使草坪草不会因覆砂窒息而死。

4.9 国际马术比赛场施工技术

4.9.1 技术特点

近年来随着我国人民生活水平的不断提高，文化、体育生活日益丰富，我国的马术运动水平较以往已有了很大提高。国际马术比赛通常包括三项，即越野赛、障碍赛、盛装舞步赛，而后两项赛事对比赛场设计、施工质量要求相对较高，既要保证参赛马匹的健康和运动时的舒适度，又要兼顾观众的视觉享受，还要方便日后对赛场的维护保养。

因此，赛场须结构设计合理、选材科学、注重健康环保、施工工序安排妥当，施工后的赛场质地柔软、透水性好、遇大风不起沙。

场地结构如下：

ϕ100 疏水管—碎石石粉混合料（150mm 厚）—粒径 20mm 碎石垫层（150mm 厚）—粒径 4～6mm 碎石找平层（30mm 厚）—透水橡胶垫层（25mm 厚）—粒径 4～6mm 碎石找平层（15mm 厚）—面层混合料（110mm 厚）。

赛场标准结构断面见图 4-14。

施工流程如下：

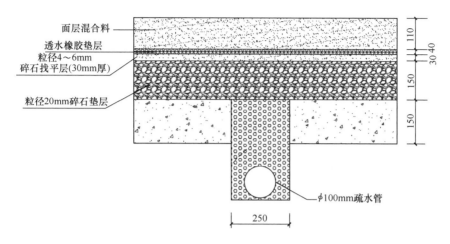

图 4-14　赛场标准结构断面图

准备工作→场地平整→铺碎石石粉混合料→埋设疏水管→20mm 碎石垫层→4～6mm 碎石找平层→透水橡胶垫层→面层混合料。

4.9.2　施工技术

（1）准备工作

开工前编制施工方案，根据总体施工计划确定各种施工机械、工程材料的进场时间，做好开工前对工人的交底培训工作。对施工现场地下情况进行全面调查，摸清地下线路、管线等设施的分布情况，并与相关单位联系，对影响施工的设施提前改移或进行有效保护。

（2）场地平整

测量人员根据施工图测、放出场地边线与高程，采用挖土机进行开挖，地面设计坡度 0.50%～0.75%，最大不得超过 1.20%，待挖至设计标高后，采用 8t 压路机压实，并且用土工布覆盖。

（3）碎石石粉混合料层

该层厚度 250mm，采用挖土机摊铺，用 8t 压路机压实（图 4-15），压实度不低于 90%。

图 4-15 压路机压实

（4）安装地下疏水管

UPVC 疏水管直径 100mm，管壁有直径 5mm 孔眼，疏水管埋设坡度 1％～3％，用于收集雨水。施工步骤是：先由测量人员放线定位，挖土机开挖管沟，管沟距离地面深度 300mm，底宽 250mm，挖到要求深度后，于沟底铺透水土工布，放入 ϕ100 疏水管，用粒径 10mm 碎石回填至与地面平齐，然后用土工布将碎石盖严。

（5）碎石导滤层

采用粒径 16～32mm 洁净的碎石作导滤水层，层厚 150mm，铺在碎石石粉混合料层上，高程允许偏差 ±20mm。要求碎石中粒径 75μm 以下的粉质颗粒含量不超过 5％。

（6）找平层

层厚 30mm，采用粒径 4～6mm 干净碎石作找平层，采用拖拉式平地机摊铺，机上配备有激光遥感水平仪，可以精确控制平整度，最终采用 8t 压路机碾压 1～2 遍。

（7）橡胶垫层

整个橡胶垫层是由一块块正方形的橡胶垫组成，每块橡胶垫边长 500mm，厚度 25mm，橡胶垫上设有透水孔。安装时每块橡胶垫之间留 5～15mm 空隙。另外，为避免对已整平过的找平层造成扰动，安装顺序可由赛场一边安装至另一边，也可以从赛场中心向四周进行。橡胶垫铺装完毕后，在其上撒一层 4～6mm 的洁净碎石，采用扫把将碎石扫入橡胶垫的空隙中，保证橡胶垫稳固、不走位，橡胶垫加 4～6mm 碎石找平层，总厚度 40mm。

马术障碍赛的练习场地，采用 40mm 的沥青碎石层代替了橡胶层，沥青采用 K140 级，碎石粒径 20mm，沥青含量占 60％、阳离子乳化剂含量占 40％，整个沥青层透水性良好，平整度要求 3m 靠尺高差不超过 5mm。

（8）面层混合料

赛场面层混合料——俗称"人工砂"，由洁净细砂、土工合成材料（切碎的短纤土工布与纤维）组成，质地柔软、透水性好、风吹不扬、健康环保，作为马术比赛或训练场地的面层非常适合。它的具体成分如下：

1）细砂

细砂为良好级配的二氧化硅砂，粒径 0.06～0.25mm，粒径小于 0.06mm 的含量不超过 5％，粒径大于 0.5mm 的含量不超过 3％，要求细砂洁净，不含泥土及石粉，外观呈浅色。

2）土工合成材料——短切无纺土工布与短切纤维

该种土工布属于短纤针刺无纺土工布，其成分为短切聚酯纤维，这种材料具有抗拉强度高及抗穿刺性强、柔韧性强、摩擦系数大、渗透性好、吸湿性低、耐高温、抗冷冻、耐老化、抗微生物侵蚀性、耐腐蚀等特点。

土工布性能指标：厚度 2mm，单位面积质量 250g/m²，纵横向断裂强度 ≥8.0kN/m，断裂伸长率 30％～60％，CBR 顶破强度≥1.2kN，纵横向撕破强度≥0.2kN，等效孔径 0.07～0.2mm，垂直渗透系数（单位：cm/s）为 （0.001～0.1）K，其中 K＝1.0～9.9。经机械切割的土工布碎片呈不规则形状，碎片长度 20～50mm，颜色呈乳白色（图 4-16）。

另外掺入其中的短切纤维，其成分为聚酯纤维，相对密度为 1.38，吸湿度为 0.4％，断裂强度为 3.5～5.5kN/m，断裂伸长率为 25％～40％。土工布

图 4-16 　面层材料中使用的切碎的

土工布和短切纤维

材料进场前，生产厂家经过机械切碎后，按照 1∶10 质量比例掺入短切纤维，拌合均匀。到达工地现场后再按照 1∶3 的比例加入细砂，经机械搅拌均匀后使用。

赛场面层设计厚度 110mm，施工时先使用履带式装载机导运并大致整平，再采用拖拉牵引式平地机细致找平，刮平时采用车载激光遥感水平仪精确控制面层标高与坡度，摊铺尽量由赛场入口处开始，逐渐向另一边推进，以避免对下层造成扰动或破坏（图 4-17）。

（9）技术保证措施

1）由于施工中每道工序质量都会最终影响到赛场的整体质量，因此在材料进场、测试以及每道工序完工检验方面都要严把质量关。

2）马术赛场对大面积平整度要求高，施工面层平整度要求 3m 靠尺不超过 20mm，各层厚度误差 ±20mm。为保证高程与坡度的精确度，在对面层及中间砂、石层平整施工时，采用车载激光遥感水平仪进行控制，从而确保施工质量。

3）施工进程中，要注重对上道工序或半成品的保护，例如在施工各结构层时采取从一端向另一端或由中间向四周的施工顺序。另外，已经完成的结构

(a) 摊铺"人工砂"

(b) 拖拉式平地机

(c) 赛场面层找平施工

图 4-17 赛场施工图

层尽量避免车辆在其上行驶,尤其是橡胶垫层,为避免对橡胶垫造成扰动和损坏,原则上禁止车辆碾压,如遇特殊情况,只允许 5t 以下的轻型车辆慢速行驶。

4.10 体育馆吸声墙施工技术

4.10.1 技术特点

吸声墙节点示例见图 4-18,蜜胺吸声泡棉节点示例见图 4-19。

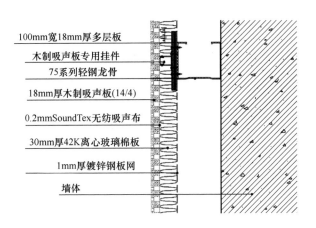

图 4-18　吸声墙节点示例

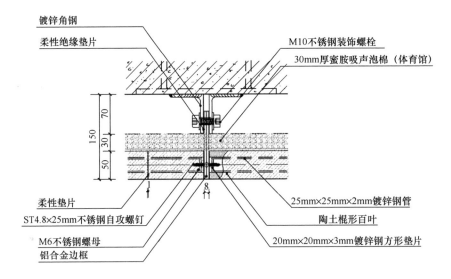

图 4-19　蜜胺吸声泡棉节点示例图

4.10.2　施工技术

（1）施工前技术准备

1）安装场所条件

安装场所必须干燥，最低温度不低于10℃。安装场所在安装后的最大湿度变化值应控制在 40%～60% 范围内。安装场所至少在安装前 24h 必须达到以上规定的温湿度标准。所以先安装龙骨、面层板，待全面封闭吊顶及地面完成后再安装吸声墙。

2）吸声板

吸声板必须在待安装的场所内放置 48h，以便适应室内环境而定型；施工前核对吸声板的型号、规格尺寸和数量。

3）基层龙骨要求

① 吸声板覆盖的墙面必须按深化设计施工图的要求安装龙骨，并对龙骨进行调平处理。龙骨表面应平整、光滑，无锈蚀、变形。

② 结构墙体要按照建筑规范进行施工处理，龙骨的排布尺寸一定要和吸声板的排布相适应。轻钢龙骨间距不大于 600mm，龙骨的安装与吸声板长度方向相垂直。

③ 龙骨架内需要填充物的，应按设计要求先行安装、处理，并保证不影响吸声板的安装。

（2）安装工艺

安装流程：测量放线→安装龙骨→安装吸声板。

1）测量墙面尺寸，确认安装位置，确定水平线和垂直线，确定电线插口、管子等物体的切空预留尺寸。

2）按施工现场的实际尺寸计算并裁开部分吸声板（对立面有对称要求的，尤其要注意裁开部分吸声板的尺寸，保证两边对称）和线条（收边线条、外角线条、连接线条），并为电线插口、管子等物体切空预留。

3）安装吸声板。

① 吸声板的安装顺序，遵循从左到右、从下到上的原则。

② 吸声板横向安装时，凹口朝上；竖直安装时，凹口在右侧。

③ 部分实木吸声板对花纹有要求，每一立面应按照吸声板上事先编制好的编号依次从小到大进行安装（吸声板的编号从左到右、从下到上，数字依次从小到大）。

4）吸声板在龙骨上的固定。

轻钢龙骨：采用 75 系列专用安装配件，吸声板横向安装，凹口朝上并用安装配件安装，每块吸声板依次相接。吸声板竖直安装，凹口在右侧，则从左开始用同样的方法安装。两块吸声板端要留出不小于 3mm 的缝隙。

5）对吸声板有收边要求时，除根据设计要求对材料进行收口外，未加说明和标注的地方，可采用编号为 580 的收边线条对其进行收边，收边处用螺钉固定；对右侧、上侧的收边线条安装时为横向膨胀预留 1.5mm，并可采用硅胶密封；墙角处吸声板安装有两种方法，密拼或用 588 线条固定。

6）检修孔及其他施工问题。

① 检修孔在同一平面时，检修孔盖板除木收边外的其余表面要贴吸声板做装饰；墙面的吸声板在检修孔处不收边，只需要和检修孔边缘平齐即可，穿孔吸声板的做法与此相同。

如检修孔的位置和吸声板施工墙面垂直接触，应要求更改检修孔的位置，保证吸声板的施工条件。

② 安装时如遇到其他施工问题（如电线插口等），连接方式应按照设计师的要求处理或遵循现场技术人员的指导。

（3）注意事项

1）油漆色差。

① 实木饰面的吸声板有色差，属自然现象。可事先预排一下使深色和浅色尽量地按区域区分开，尽可能做到过渡自然，不要深浅对比过于强烈，跳跃过大。

② 由于采用预制油漆处理的实木饰面吸声板的油漆饰面与安装场所其他部位的手工油漆可能存在色差，为保持油漆色泽一致，在吸声板安装完成后，根据吸声板的预制油漆色泽调整安装场所其他部位的油漆色泽，对于木质品都尽可能地采用工厂定制品。

2）木质吸声板安装前的堆放环境必须密封防潮。

4.11 体育场馆场地照明施工技术

4.11.1 技术特点

专业灯光系统是体育场馆的重要组成部分。照明既要满足各种不同场地尺寸和运动功能性质的需求，又要满足运动员和技术人员的视觉需求及观众、新闻媒体和商业运作等的不同需求，在照度水平、光色、方向，眩光控制等方面有很高的要求。

4.11.2 施工技术

（1）灯具的选型

根据设计要求，选择体育场馆专业照明的灯具厂家。光源的功率因数、显色指数、色温等参数均必须满足设计要求，灯具应满足建筑防火要求，应能减少对运动员的热辐射及噪声影响，宜有遮光格栅，为方便现场调节灯具投射角度，两侧应有角度指示刻度。

（2）智能照明控制系统的选择

使用智能照明控制系统，可实现灯光的开启与模式转换全电脑控制，根据不同的使用功能，设置不同的灯光场景。根据不同的场景需求进行深化设计，将灯具进行分供电回路控制，结合专业调光系统，以达到设计要求。智能照明控制系统的照明模式可设置为业余训练、专业训练、专业比赛、国内比赛彩色转播、国际比赛彩色转播、清扫、全开、全关、应急等多种。通过设定灯光回路前后开启的顺序及间隔时间，避免大启动电流的灯具同时启动。

（3）灯具的安装调试

1）在施工前，采用 DIALux 测光软件系统，对重点区域的照度进行模拟测试，输入灯具配光曲线数据，以测试是否达到设计要求。

2）根据现行相关标准要求，通过全站仪精确地找到灯具坐标，根据施工图纸在每个灯具、灯架、电缆回路、坐标点上都要标上回路号、灯具的配光号及坐标号。灯具安装时要分清每个灯具的配光在哪个开关模式下。灯具的安装调试见图 4-20。

图 4-20　灯具的安装调试

3) 安装光源时要注意皮肤不可以接触光源的杯胆, 如无意接触到请用光源专用擦纸擦去。

4) 为了方便找到灯具投射坐标, 需要在场地内制作好 5m×5m 的网格, 并用瞄准仪确认灯具的投射位置 (图 4-21)

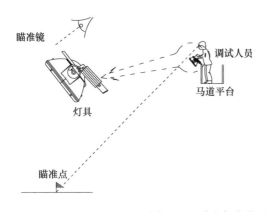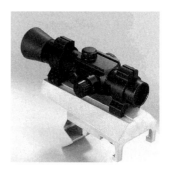

图 4-21　瞄准仪定位示意图

5) 相邻灯具接在不同的相序上, 使三相电源的灯光投射到同一方位内,将频闪效应减少到最低限度。灯具安装好后，进行通电试亮，并逐个采用光强仪和量角器对灯具的投射角进行检测和调整。

（4）灯塔基础

灯塔应有详细的基础图。基础必须完好，在浇筑后达到规定强度的70％后才可安装灯塔，此外还须保证地下穿线及接地完好，地脚螺栓的螺纹突出水泥基础的部分必须大于230mm，保证水泥浇筑后地脚螺栓为垂直状态。检查模板和地脚螺栓的螺纹部分是否完好，水平调节螺母必须预先调整在同一水平面上。

（5）杆体竖立

1）举起杆体前，起重机连接点以下部分的套接处应保持倾斜。为防止起吊时脱落，可在套接处的两侧用24mm的安装螺栓锚住一块长钢板或钢丝绳来固定。

2）起重机必须连接到杆体的主要部件上，注意不能连到爬钉或杆顶盖板固定条上；必须在杆体（包括设备的质量）的重心以上，尽可能高的部位，以便安装时可达到较大的垂直程度。

3）要十分小心、平稳地操纵起重机，避免产生大的冲击力。

4）在杆体安放到水平调节螺母上后，底板上面的螺母应尽可能快地安装，同时调节水平调节螺母，使杆顶至杆底中心连线垂直于地面，一般采用两个90°方向目测的方法。杆体如果左右偏心，应先紧固离重心较远一侧的螺栓。

5）地脚螺栓紧固后，应防止螺栓松动。通常的做法是稍微再增加一点紧固力，或轻微破坏螺纹来防止松动。

4.12 显示屏安装技术

4.12.1 技术特点

全色显示屏是体育场馆的重要组成部分，能为各类比赛及其他大型活动提供充足的信息以及背景画面。它具有清晰度高、亮度均匀、可同步播放视频媒体的功能，不仅可以播放图文广告，还可以转播有线电视、监控视频，并进行现场直播。电子显示屏采取集中控制方式，就是将显示模组在逻辑功能上尽可能简单化，一般只进行数据寄存和 LED 驱动，而将大量复杂的处理集中于控制器中实现，具有可靠性高、可升级换代、维护简便、技术含量高等优点。系统软件提供简单方便和交互的节目制作/播放环境，在实现中采用层次化、模块化的设计方法，具有良好的可靠性和可扩充性。系统软件主要由节目制作软件、节目编辑软件、节目播放软件、支持软件包组成，专业软件由足球比赛软件及田径比赛软件等组成。

4.12.2 施工技术

（1）施工前准备

1）在显示屏安装之前做好显示屏钢架结构和部分装饰。

2）显示屏安装之前应敷设好电子显示屏及其他设备的护套线管并穿好控制线和电源线。电子显示屏的配电箱为 380V 供电系统输入。开关电源则输入 220V 交流。

3）通信线禁止与电源线在同一线管内走线。

（2）显示屏的安装

1）显示屏安装要保持水平，不允许后倾。吊装要加装上下调节杆，壁挂安装前要装前倾脱落钩，落地安装要加定位支撑螺栓。

2）显示屏为钢结构支撑，主要包括上下梁槽钢、检修层钢结构等。显示屏钢结构与基础中的预埋件焊接以形成显示屏所需的显示窗口尺寸。窗口须尺寸正确，正方形平面不得扭曲。在施工过程中要控制框架显示窗口对角线误差。

3）模块的安装：将竖槽钢与上下横槽钢焊接，显示箱体与竖槽钢采用高强度螺栓连接。显示屏安装完成后，再根据目测整屏的平整度来调整，使整屏的外观及平整度达到更高的水平。

4）显示屏与配电柜之间的接线要简洁，配电柜与显示屏之间铺设管道或线槽。

（3）显示屏的调试和试运行

1）合理地布置机房，使显示屏的控制电脑安装到位。完成显示屏、机房及其他相关的设备连接工作，在通电之前进行多人互检，确保各控制线和电源线正常连接。

2）严格遵从工地上的停送电制度，确保万无一失。

3）根据要求的各项技术指标和功能要求进行调试。

4）调试完毕后，要对设备进行现场优化，进入试运行阶段。

4.13 体育场馆智能化系统集成施工技术

4.13.1 技术特点

体育场馆智能化系统主要包括：移动 IC 卡智能检录系统、共享式中央机房集控系统、集约化综合布线系统、新闻服务系统、电子检票系统、多功能综合通信系统、交通智能管理系统、数字网络监控系统、新型标志引导系统、物业管理系统、无线数据网络、多功能田径赛信息系统、防雷及雷电预警系统。

（1）移动 IC 卡智能检录系统

大型体育赛事比赛项目多、参赛运动员多、采访的体育记者多，移动 IC 卡智能检录系统采用感应式 IC 卡，可实现对运动场地有关人员注册、检录的自动化识别、统计，确保运动场地安全，高效地实施人员管理。

（2）共享式中央机房集控系统

采用共享式中央机房集控系统，可将体育场多个弱电系统设备控制机房整合为一个机房。采用计算机多媒体集控系统实现对各子系统的智能监控及遥控。

（3）集约化综合布线系统

集约化综合布线是对整个弱电系统布线中涉及的各种线路进行统一规划、统一设计、统一施工，使整个弱电系统的各子系统布线一次到位，节约空间和设备。

(4) 新闻服务系统

新闻服务系统由新闻中心会议系统、记者信息服务系统、多媒体广播电视转播传输系统等组成。

(5) 电子检票系统

电子检票系统包括制售票部分、检票部分和监控管理部分。

(6) 多功能综合通信系统

包括无线调度通信系统、热线对讲通信系统和商用电话通信系统。

(7) 交通智能管理系统

交通智能管理系统是采用数字化网络监控对车辆进行实时和远程控制、指挥调度、交通智能引导等的一套管理系统。

(8) 数字网络监控系统

数字网络监控系统是一个独立的集安防监控于一体的完整系统，又是实现体育场指挥调度系统功能的一个重要组成部分。

(9) 新型标志引导系统

体育场的标志引导系统是采用新型的电子显示屏形成的一套醒目直观的交通引导系统。

(10) 物业管理系统

物业管理系统主要由楼宇自控系统、体育场灯光集控系统、广播音响系统、内场卷闸门、检票口卷闸门集控系统、广场出入口集控系统等组成，所有系统均采用计算机进行数字化集中控制和管理。

(11) 无线数据网络

利用无线数据网络，可解决有线未布点区域通信的盲区和作为有线的备份网络，并可用于移动信息传输。

(12) 多功能田径赛信息系统

运用先进的计时记分系统网络，采用有线和无线双回路备份通信方案，使计时记分系统更加准确可靠。

（13）防雷及雷电预警系统

采用了数字化雷电预警系统，实现对雷电情况的有效监控，为现场举办各种活动提供安全保证。

4.13.2　施工技术

智能化系统集成施工是在结构布线的基础上，建立通信网络、计算机网络、控制网络，并将在这三个网络上运行的各弱电系统，通过计算机系统集成在一起，构成完善的智能化集成系统。通过对各弱电系统施工图的深化设计，确定各个系统的构成方案、各种设备的安装方式和综合布线的走线方式，以满足系统的控制要求。

（1）光缆敷设

1）光缆在搬运及储存时应保持缆盘竖立，严禁将缆盘平放或叠放，以免造成光缆排线混乱或受损。短距离滚动光缆盘，应严格按缆盘上标明的箭头方向滚动，并注意地面平滑，以免损坏保护板而伤及光缆，光缆禁止长距离滚动。

2）敷设时应严格控制光缆的弯曲半径，施工时弯曲半径不得小于光缆允许的动态弯曲半径，定位时弯曲半径不得小于光缆允许的静态弯曲半径。

3）光缆穿管或分段施放时应严格控制光缆扭曲程度，使光缆始终处于无扭状态，以去除扭绞应力，确保光缆的使用寿命；并计算好布放长度，一定要有足够的预留长度。一次布放长度不要太长（一般2km），垂直敷设时，应特别注意光缆的承重问题，一般每两层要将光缆固定一次；布放光缆要注意导向和润滑，牵引力一般不大于120kg，而且应牵引光缆的加强芯部分，并做好光缆头部的防水加强处理。

4）光缆穿墙或穿楼层时，要加带护口的保护用塑料管，并且要用阻燃的填充物将管子填满。在建筑物内也可以预先敷设一定量的塑料管道，待以后要敷设光缆时再用牵引或真空法布光缆。

5）光缆接续前应剪去一段长度，确保接续部分没有受到机械损伤。光缆接续过程应采用 OTDR 检测，对接续损耗的测量，应采用 OTDR 双向测量取算术平均值方法计算光缆接续与终端。

① 光缆分路焊接点的连接采用永久性光纤连接（熔接）。这种连接是用放电的方法将连根光纤的连接点熔化并连接在一起。其主要特点是连接衰减在所有的连接方法中最低，典型值为 0.01～0.03dB/点。但连接时，需要专用设备（熔接机）和专业人员进行操作，而且连接点也需要专用容器保护起来。

② 光纤接续后应排列整齐、布置合理，将光纤接头固定、光纤余长盘放一致、松紧适度，无扭绞受压现象，其光纤余留长度不应小于 1.2m。

6）从光缆终端接头引出的尾巴光缆或单芯光缆的光纤所带的连接器，应按设计要求插入光缆配线架上的连接部件中。如暂时不用的连接器可不插接，但应套上塑料帽，以保证其不受污染，便于今后连接。

7）光纤芯径与连接器接头中心位置的同心度偏差要求如下：①多模光纤同心度偏差应小于或等于 $3\mu m$；②单模光纤同心度偏差应小于或等于 $1\mu m$，凡达不到规定指标，尤其超过光纤接续损耗时，不得使用。

8）光缆传输系统中的光纤跳线或光纤连接器在插入适配器或耦合器前，应用丙醇酒精棉签擦拭连接器插头和适配器内部，要求清洁干净后才能插接，插接必须紧密、牢固可靠。

9）光纤终端连接处均应设有醒目标志，其标志内容应正确无误，清楚完整（如光纤序号和用途等）。

（2）五类双绞线敷设

五类双绞线明敷设时应在双绞线外穿管，保护线缆以防遭到破坏。双绞线的安装应三人一组，线路过长时必须接力安装，敷设中应注意减轻线的拉力，以防止绞线损伤。所有线路敷设完毕，必须在两端用强力不干胶做好标记。敷设缆线应采用人工牵引，单根大对数的电缆可直接牵引不需拉绳。敷设多根小对数（如 4 对对绞线对称电缆）缆线时，应组成缆束，采用拉绳牵引敷设。牵引速度要慢，不宜猛拉紧拽，以防止缆线外护套产生被磨、刮、蹭、拖等损伤。

（3）弱电设备安装

设备及各构件间应连接紧密、牢固。安装用的紧固件应有防锈层。设备在安装前应做检查，内外表面漆层完好、设备外形尺寸、设备内主板及接线口的型号、规格符合设计规定。中控室地面敷设架空防静电地板，各种线缆经吊顶内沿墙引下进入地板内，地板内敷设金属线槽，供电缆敷设使用。为防止机柜、控制台压迫地板，将机柜安装在槽钢制作的支架上面，槽钢支架与防静电地板在同一水平高度上，并用膨胀螺栓固定在地板上，支架可靠近地面，各种线缆经地面线槽由机柜下面引入柜内进行端接。

4.14 耗能支撑加固安装技术

4.14.1 技术特点

耗能支撑加固技术是近几年结构抗震加固方法中一种先进的技术，它的施工特点就是施工工作量小，对原有建筑物的使用影响小，而且能够显著增强原有结构的抗震能力。耗能支撑主要的消能装置就是阻尼器，地震来袭时由它来吸收大部分的地震能量，从而保证了结构的安全，故关键的部位便是阻尼器如何与原结构进行可靠的连接。通常耗能支撑会布置在新建结构和一些改扩建项目中。耗能支撑在新建结构中的连接一般比较简便，但是在改扩建项目中其与原结构的连接以及加固是施工的重难点。

耗能支撑一般在布置上分为环向耗能支撑和径向耗能支撑（图4-22），耗能支撑与原结构框架柱相连时采用的是 M16 化学锚栓连接，与原结构框架梁连接采用的是包钢加固法，同时采用了 M14 的通栓（图4-23中节点二）。

耗能支撑节点的设计如图4-23所示。

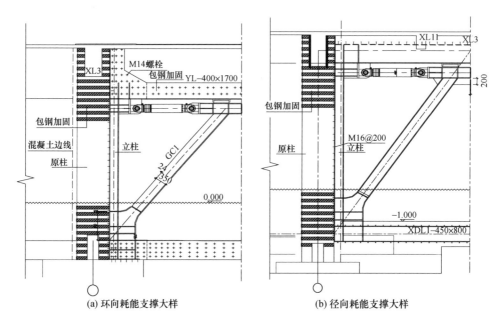

图 4-22　耗能支撑示意图

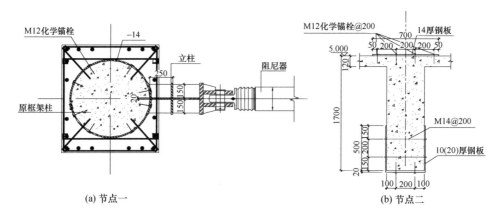

图 4-23　耗能支撑节点设计图

4.14.2　施工技术

（1）耗能支撑化学锚栓定位以及立柱安装

耗能支撑立柱与原结构安装时锚栓数量较多，而且现场原结构柱面一般不平整，而且耗能支撑立柱的翼缘板又是弧形的，这就对化学锚栓的定位带来了很大的难度，针对此难点，可采取以下措施。

首先对原结构框架柱的表面进行了剔凿处理，把框架柱的保护层剔除10～25mm，在剔除时要上下设一道垂直的控制线，以此来调整柱子表面的上下一致性。

其次是化学锚栓植入时，要力争做到上下竖直间距均匀，左右水平间距一致，并且植入的方向要垂直框架柱的表面。一般化学锚栓和螺杆的规格是一定的，但是根据现场情况需要，可以采用特定加长的螺杆，便于施工。

化学锚栓定位后，需进行现场反复测量，避免累积误差的出现，提高孔位的精确度。

化学锚栓在立柱上的孔径大小也是一个关键点。按照规范要求，开孔的孔径比螺杆的直径大3mm，但现场情况不能满足要求，需要加大开孔直径时可以相应更换垫片，增加垫片厚度，然后将垫片周围与立柱翼缘采用焊接连接。

最后是立柱的安装。由于立柱质量大，化学锚栓多，每根立柱又有上下框架梁限制，因此可以对耗能支撑的立柱进行分解吊装。

（2）原结构框架柱和框架梁的包钢加固

由于原结构柱剔除保护层后，柱表面参差不齐，加固钢箍条安装并不能保证在一个同心圆上，于是把箍条分成三段弧形钢板进行拼装焊接，焊接后再进行锚栓固定。钢板箍条与柱面之间的缝隙按照规范的要求灌注环氧树脂胶，当缝隙过大不能满足灌胶的要求时，根据现场情况采用灌浆料进行处理。

框架梁的包钢主要指环向耗能支撑上下与原结构连接的处理。梁两侧和底部都要包钢，两侧还要对穿化学锚栓。对此，为了使现场能够准确地安装钢板，锚栓孔位打好后，测量尺寸，并根据尺寸用三合板进行钻孔，钻完孔后到现场试装，成功后再送到加工厂进行加工，这样工序上虽然繁琐，但安装质量和速度得到了保证。钢板安装完毕后，要在钢板与混凝土之间灌注结构胶。由于梁上包钢的面积非常大，结构胶的初凝时间只有40min，普通的注胶设备不

155

能满足速度上的要求，因此采用小型气泵压力机连接多个注胶器进行灌注，在初凝之前灌注完毕（图4-24）。

图4-24　原结构框架柱和框架梁的包钢加固

（3）耗能支撑立柱焊接

耗能支撑立柱的焊接分为径向立柱的焊接和环向立柱的焊接。径向立柱分为三段，焊口两道，焊缝为水平焊缝，焊接不存在很大的难度。而环向立柱上下口的焊接存在很大的难度，环向立柱上部与原框架梁包钢加固后的钢板焊接，下部与原结构地基梁包钢加固后的钢板焊接，由于安装时上下口预留了10～20mm的空间，上口钢板在加工时又是双坡口，这就给焊接带来很大的难度。根据此种情况，上口焊接采用二氧化碳气体保护焊，下口采用直流焊接，由加工厂的一级焊工焊接，最后结果可达到一级焊缝的要求。

（4）框架柱增大截面进行加固

框架柱与耗能支撑连接后，还要进行增大截面法加固。新增截面通过植筋的方式与原基础和原柱体进行连接，由于原柱体表面已进行了包钢加固，占据了一部分截面空间，主筋进行植筋时受到空间的影响，布置非常不均匀，再加上整层柱子标高范围的箍筋间距加密，这给混凝土的浇筑带来极大的困难。解决方法为：首先调整混凝土配合比，增大混凝土坍落度，将混凝土粗骨料粒径减小，以便于混凝土的流动；其次改变振捣方式，除采用小直径振动棒外，还采用了附着式振动器，通过振捣模板使混凝土密实。

4.15 大面积看台防水装饰一体化施工技术

大型体育场馆的看台一般为露天形式，受热胀冷缩的影响较大，同时看台长期处于受振动状态，因此，对于看台防水较一般屋面防水应特别对待。另外，由于看台是与观众密切接触的部位，直接影响到整个体育场的观感效果，故将看台的防水与装饰一体化，可以给工程的工期及经济带来可观效益。

4.15.1 施工特点

一般看台设计有钢结构看台、混凝土结构看台两种类型。考虑到看台造型复杂，阴阳角多，人员流动大，同时处于室外，必须综合考虑防水层及面层能够适应当地的温度变化、日照及日常磨损等情况。一般看台面层采用喷涂聚脲弹性体防水涂料，可直接起到防水与装饰的效果。具体做法如下：

钢结构看台（自下而上）：20mm 厚聚合物水泥砂浆找平层；涂刷一道防水专用底漆；面层喷涂 1.5mm 厚聚脲弹性体防水涂料。

混凝土结构看台（自下而上）：基层处理；1.5mm JS 聚合物水泥防水涂料；20mm 厚聚合物水泥砂浆找平层；涂刷一道防水专用底漆；1.2mm 厚聚脲弹性体防水涂料。

4.15.2 施工技术

（1）涂刷 JS 聚合物水泥防水涂料

采用双组分 JS 聚合物水泥防水涂料，液料：粉料为 1:1.5，搅拌均匀，搅拌时间一般为 3~5min，搅拌的混合料以颜色均匀一致为准。完成三层涂膜：第一层刮涂量以 0.8~1.0kg/m² 为宜，第二、三层涂膜均以 0.4~0.5kg/m² 为宜，相邻两遍刮涂方向必须垂直，同层涂料相互搭接 40mm，前遍涂膜固化后，进行下一遍刮涂。

（2）聚合物水泥砂浆找平层

聚合物水泥砂浆中掺入一定比例的聚酯纤维，以增强砂浆的抗拉强度，提高抗压强度。分二次成活增强砂浆找平层的作业应与界面层作业紧密配合，达到不开裂、不空鼓的刚性防水保护效果。按照台阶展开面积 3m×3m 设置 10mm 宽的分隔缝。看台按照 0.3‰ 进行找坡，施工时一定要找好泛水，台阶平面里高外低，确保阴角不存水。

（3）喷涂底漆

使用专门的封闭底漆，其作用一是封闭基层底材表面毛细孔中的空气和水分，避免聚脲涂层喷涂后出现鼓包和针孔现象；二是封闭底漆可以起到胶粘剂的作用，增强聚脲涂层与基层底材的附着力，提高防护效果。封闭底漆的黏度较低，以保证其渗透性，底漆一般为 100％ 固含量的环氧类涂料。

1）在干燥的基层表面，底漆的涂布量为 0.8～1.0kg/m²，喷涂时应均匀、无漏点。底漆喷涂应间隔 6～8h，干燥后方可进行聚脲喷涂。

2）基层满刷两道配套的专用封闭底漆。第一道干燥后涂刷第二道，涂刷方向相互垂直。涂刷完毕后，需在 48h 内进行喷涂聚脲弹性体防水涂料施工。

（4）喷涂聚脲弹性体防水涂料

1）喷涂施工要分区域完成，一般以 50～100m² 为一区域进行施工，1.5mm 厚的聚脲施工时要分 3～4 遍完成，喷涂时纵横交叉、连续喷涂至设计厚度，下一道要覆盖上一道的 50％（300mm）左右的宽度，以保证涂层均匀、厚薄一致、无漏喷。

2）施工时设备参数的设定。GUSmerH-20/35pro 喷枪总压力：65kg/m²（650Pa），温度：65℃。将 A、B 料两组分按 1∶1 的体积比例送到喷枪，用气动搅拌器搅拌 30min 以上，待混合雾化后再进行喷涂施工。喷涂前先将管道加热器打开，待管道加热器温度达到设定的温度后，进行其他主机参数的设定，然后进行喷涂施工。

3）对于平面施工，除注意压枪和喷涂方向外，还要注意及时清理喷涂过程中落到基层上的杂物。在每一道喷涂完毕后，马上进行检查，发现缺陷及时进行修补处理。

4）垂直面施工除进行以上步骤外，还要注意每道喷涂不要太厚，这既可以通过喷枪、混合室、喷嘴的不同组合来控制，也可以通过控制枪的移动速度来进行。因涂膜固化速度非常快（1～10min），每遍涂层施工不需要间隔时间。喷涂 2h 后即可上人行走。

（5）表面造粒

利用 SPUA 技术快速固化的原理，通过操作者对喷射角度和流量的控制，在最后一道涂层完全固化前，在距离施工部位一定距离的地方，打开喷枪，让已混合雾化的喷涂料自由地降落在施工部位上，从而形成一定大小的颗粒，得到具有粗糙表面的防滑颗粒，起到防滑和消光作用。喷涂造粒时应注意风向和风力，操作者应处于上风口，风力以 3 级以下为宜，以减少雾化颗粒向施工人员和设备方向的飘落量。

4.16　体育场馆标识系统制作及安装技术

4.16.1　技术特点

体育场馆人流量非常大，出入口较多，各种功能、设备房间多，座椅分区复杂，做好体育场馆的标识系统，对承办各种赛事及赛后运营至关重要，也能为赛事的安全提供有力保证。

4.16.2　施工技术

（1）技术准备

技术准备是施工准备的核心。由于任何技术的差错或隐患都可能引起人身安全和质量事故，造成生命、财产和经济的巨大损失，因此必须认真地做好技术准备工作。

1）熟悉、审查施工图纸和有关的设计资料

熟悉施工图、设计图、总平面布点图、安装图纸和园区规划等相关资料文件；熟悉设计、施工验收规范及相关技术规定。

2）熟悉、审查设计图纸的内容

① 审查设计图纸是否完整、齐全，以及设计图纸和资料是否符合国家有关工程建设设计、施工方面的方针和政策。

② 审查设计图纸与说明书在内容上是否一致，以及设计图纸与其各组成部分之间有无矛盾和错误。

③ 审查设备安装图纸与其相配合的土建施工图纸的坐标、标高是否一致。

④ 审查设计图纸中的工程复杂程度、施工难度大小和管理水平能否满足工期和质量要求并采取可行的技术措施加以保证。

3）熟悉、审查设计图纸的程序

① 设计图纸自审阶段：施工单位要尽快地组织有关的工程技术人员熟悉和自审图纸，写出自审图纸记录。自审图纸记录包括对设计图纸的疑问和有关建议。

② 设计图纸会审阶段：由建设单位和设计单位及施工单位参加，三方进行设计图纸的会审。图纸会审时，先由设计单位和工程主要设计人向与会者说明工程标识系统的设计依据、意图和功能要求，并对特殊结构、新材料、新工艺和新技术提出设计要求；然后施工单位根据自审图纸记录以及对设计意图的了解，提出对设计图纸的疑问和建议；最后在统一认识的基础上，对所探讨的问题逐一做好记录，形成"图纸会审纪要"。

（2）标识系统制作及技术要求

1）不锈钢面板

不锈钢牌号符合设计图纸要求。不锈钢应表面平整、边缘整齐，无缺角、污垢等，几何形状以设计为基础。不锈钢外置结构表面采用拉丝。所有外露的螺栓等金属配件采用不锈钢制作，所有金属零配件满足强度要求，外露的金属配件没有容易造成手部受伤的毛口、毛刺、尖角存在。

不锈钢材料满足以下列指标：表面光度90％；直线度偏差小于等于

$L/1000$ 并小于等于 0.5mm，L 为面板长度；厚 1.27mm。

2）铝板面板

铝板面板应表面平整，边缘整齐，无起皮、缺角、污垢等。所有单层铝板应为同一品牌，在供货过程中，不改变板材的牌号及供应来源。材质满足复杂形状的加工要求，材质未受损，稳定性满足长期使用要求。

铝板表面氟碳涂层技术指标：

① 干膜硬度：使用 F 级或以上级别的铅笔在涂层表面以 45°方向用力推进约 13mm，涂层表面无划痕。

② 抗冲击性：用直径 16mm 圆形冲击器做冲击测试，涂层无剥离和脱落。

③ 耐磨损性：用规定方法测试，涂层耐磨损系数大于等于 20。

④ 抗化学性：使用 10%盐酸或盐酸建筑用砂浆后，涂层无起皮、失粘或外观发生变化现象。

⑤ 耐湿性：试件在试验箱中相对湿度 100%环境下经历 3000h 的作用下，起皮现象评分至少为 8。

⑥ 盐水喷洒试验：将试件暴露在 100 华氏度的环境下（37.8℃），用 5%盐水喷洒 3000h，起皮现象评分至少为 8，水平刻划线评分至少为 7。

⑦ 与密封胶相容性：密封胶与涂层相容，对涂层无不利影响。

3）铝合金板面板

铝合金板主要应用于标识牌的正面及背部饰面，铝板构件采用 6063 牌号铝合金型材，面板厚度 4mm，化学成分（%）：Si0.20～0.60、Fe≤0.35、Mg0.45～0.90、Mn≤0.10、Cr≤0.10、Zn≤0.10、Ti≤0.10、余量 Al，抗拉强度 σ_b130～230MPa，固熔温度 520℃。铝板规格若超过常规尺寸（1.2m×0.6m）则进行折边处理及增加铝合金加强筋。

铝合金板面信息镂空雕刻采用红外线激光雕刻数控线切割技术，信息的尺寸、规格、间距、颜色等严格按照设计规范与图纸要求采用。

4）钢化玻璃面板

高透钢化玻璃及钢化磨砂玻璃应符合相关标准，同时满足以下要求。

① 一般要求

根据工程要求，玻璃具有上佳的装饰效果，并能根据使用环境的要求，具有良好的防震抗冲击等适应和改善建筑环境的功能。

所有玻璃产品应为同一厂家生产。玻璃的运输、储存和包装应严格按玻璃制造商的标准进行。

② 玻璃的外观质量及尺寸

玻璃在外观上不应存在裂痕、爆边、叠差、磨伤等缺陷。玻璃长度、宽度和对角线尺寸允许偏差为 2mm。玻璃弯曲度不超过 0.3%。

5）亚克力板面板

进口高档亚克力板材透光率达到 40%，同时具备耐候及耐酸碱性，不会因长年累月的日晒雨淋产生泛黄及水解的现象。使用年限为 8 年。热膨胀系数 $6 \times 10^{-5}℃^{-1}$；热变形温度 100℃；拉伸强度 75.5MPa；弹性模量 343 MPa；弯曲强度 117.7 MPa；硬度 18HB；防火等级 B1 级。

6）内置 LED 光源

LED 灯具有节能、环保和寿命长等优点，广泛用于国内外大型重要灯箱的光源。为保证发光效率，可选用串并联组合电路设计的 LED 灯组，具体技术要求如表 4-11 所示。

LED 灯组技术标准　　　　　　表 4-11

项目	技术要求
颜色（色温）	白色 6500K（开氏温标）
显色指数	≥90
照度	≥200lx
发光强度	≥1000nit（尼特）
光通量	≥50lm（流明）
光衰率	连续 24h 使用 2 年衰减小于 10%，4 年衰减小于 30%
使用环境	−20～+65℃
产品质保	每天连续工作 24h 的状态下可提供 5 年或以上的品质保证
平均寿命	50000h 以上

7）型钢骨架

各规格型钢主要用于标识牌的主骨架，主体及横纵构件一般均选用 HPB235A 普通碳素结构钢，其余骨架构件材质选用 HPB235-BF 普通碳素结构钢，钢管（架）应进行整体防腐防锈处理，质量应符合相关规范的要求。采用 E43 型焊条，焊缝厚度以最薄板为准，一律满焊，且质量需满足相关验收标准。

8）铝合金型材骨架

铝合金型材一般选用 6063，其化学成分为：0.2%～0.6%的硅、0.45%～0.9%的镁、铁的最高限量为 0.35%，其余杂质元素（Cu、MN、Zr、Cr 等）均小于 0.1%。其物理特性达到：密度 2.71g/cm³，热传达导率 0.48cal/（cm·s·℃），供应状态为 T5 铝合金型材，抗拉强度 160MPa，非比例伸长应力 110MPa，伸长率 8%，型材表面没有裂纹、起皮、腐蚀和气泡存在。

9）电气元件

电气元件的配置应能满足光源的正常工作，所有采用的电气元件（包括电线、镇流器、计时开关等）应为国内著名品牌，等级为优等。

10）金属零配件

五金件、附件和紧固件为不锈钢配件，应具有足够的强度，其强度可满足工程所采用标识牌的受力和抗风压强度要求，所有五金件、附件、紧固件为暗藏。标识牌的连接附件应便于更换，五金件、附件安装位置正确、齐全、牢固，配件材质全部为优质不锈钢 304 材质。其所有五金件、附件、紧固件的产品等级要求达到优等品，同时五金件、附件、紧固件的技术要求、试验方法、检验规则、包装、标志、运输、贮存、偏差及质量证明应符合相关标准的规定要求。

11）面板贴膜

贴膜颜色须严格按照设计要求，具体标准和要求如下：不发光部分应采用不透光系列，发光部分应采用透光系列。选用的贴膜产品应根据标识所在的不同环境条件使用要求选用同一品牌中不同系列的产品，确保产品使用年限。

12）油漆

根据设计要求选用油漆，所选油漆应具有色泽亮丽、色彩丰富、持久恒新、耐摩擦、持久耐用、韧性较强、个性化、多样性、绿色环保等特点。

13）胶粘剂

选用进口或合资胶粘剂，用于亚克力板与铝合金板的粘结。胶粘剂的主要成分包括，预聚物 30％～50％；丙烯酸酯单体 40％～60％；光引发剂 1％～6％；助剂 0.2％～1％。预聚物有：环氧丙烯酸酯、聚氨酯烯酸酯、聚醚丙烯酸酯、聚酯丙烯酸酯、丙烯酸树等；丙烯酸酯单体有：单官能（IBOA、IBOMA、HEMA 等）、二官能（TPGDA、HDDA、DEGDA、NPGDA）、三官能及多官能（TMPTA、PETA 等）；光引发剂有：1173、184、907、二苯甲酮等。

14）密封垫和密封胶条

密封垫和密封胶条应采用黑色高密度的三元乙丙橡胶（EPDM）制品，并符合现行标准的有关规定，密封垫应挤压成块，密封胶条应挤压成条，具有 20％～35％ 的压缩度。三元乙丙橡胶条（EPDM）需满足以下要求：

① 技术处理：接头处须进行硫化处理。

② 硬度：邵氏硬度为 70±5HA。

③ 延伸率：200％。

④ 抗拉强度：11MPa。

⑤ 抗不良光线：应具有良好的抗臭氧及紫外光性能。

⑥ 耐温性：能耐 −50～150℃ 的温度。

⑦ 耐老化性：耐老化年限不小于 10 年。

15）结构胶及密封胶

① 一般要求

标识工程使用的耐候硅酮密封胶为中性固化胶。在使用密封胶时，严格遵守材料制造商关于产品使用及接缝尺寸限制的书面说明，所有混合助密封胶不现场制，密封胶须经过指定的测验。

② 性能要求

　　耐候硅酮密封胶符合相关性能要求，见表 4-12。结构硅酮密封胶的性能要求见表 4-13。

耐候硅酮密封胶性能要求　　　　　　　　　　　　　　表 4-12

项目	技术指标
有效期	9～12 个月
施工温度	−25～50℃
密度	1.5±0.1g/cm³
挤出性	≥80mL/min
适用时间	≤3h
表干时间	≤6h
初步固化时间（25℃）	3d
完全固化时间	7～14d
下垂度（N 型）	0mm
低温柔性	−30℃
邵氏硬度	25～30 度
极限拉伸强度	0.11～0.14N/mm²
撕裂强度	≥3.8/mm
固化后的变位承受能力	25%≤δ≤50%
定伸粘结性（定伸 160%）	≤5%
热-水循环后定伸粘结性（定伸 160%）	≤5%
水-紫外光照射后定伸粘结性（定伸 160%）	≤5%

结构硅酮密封胶性能要求　　　　　　　　　　　　　　表 4-13

项目	技术指标
有效期	9～12 个月
施工温度	−25～50℃
使用温度	−48～88℃
操作时间	≤30min
表干时间	≤3h
初步固化时间（25℃）	7d
完全固化时间	14～21d
邵氏硬度	35～45 度

续表

项目	技术指标
粘结拉伸强度（H形试件）	$\geqslant 0.7\text{N}/\text{mm}^2$
延伸率（哑铃形）	$\geqslant 100\%$
粘结破坏（H形试件）	不允许
内聚力（母材）破坏率	100%
剥离强度（与玻璃、铝型材）	5.8～8.7N/mm（单组分）
撕裂强度（B模）	4.7 N/mm
抗臭氧及紫外线拉伸强度	不变
污染和变色	无污染、无变色
耐热性	150℃
热失重	$\leqslant 10\%$
流淌性	$\leqslant 2.5\text{mm}$
冷变性	不明显
外观	无龟裂、无变色
完全固化后的变位承受能力	$12.5\%\leqslant\delta\leqslant 50\%$

（3）标识系统施工技术

1）防腐

标识产品需长期暴露在室外，常年受风吹、雨淋、日晒、潮湿等环境影响，因此主体钢管（架）应进行整体电泳防腐处理。防腐等级应达到 IP57。

2）骨架及面层加工

① 不锈钢、铝板、型材、板材表面应平整，无明显褶皱、凹痕或变形，表面每平方米范围内的平整度公差不大于 1.0mm；边缘和转角适当倒角，打磨光滑，边缘没有毛刺；板材没有裂纹、明显的划痕、损伤和颜色不均匀；在任何一处面积为（50×50）cm² 的表面上，不存在一个或一个以上任何一处总面积大于 10mm² 的气泡；没有逆射性能不均匀的现象。

② 外观平整度：普精级、截面（外接圆）扭拧度主龙骨 0.052mm 每毫米宽、次龙骨 0.078mm 每毫米宽、平整度 $\leqslant 0.2\text{mm}/\text{m}$、表面模具压纹痕 $\leqslant 0.03\text{mm}/\text{mm}$、角度精确、切口平滑。

③ 主体型材、板材等的尺寸、规格、材料等详见设计图，一般外形尺寸偏差为±5mm，若外形尺寸大于 1.2m 时，其偏差为外形尺寸的±0.5%，邻边的夹角偏差为 0.5°。

④ 不锈钢面板、铝板、铝合金板面信息镂空雕刻采用红外线激光雕刻数控线切割技术，加工精度应达到 0.01mm。加工后的面板，边沿清晰，无锯齿，无变形，表面平整无气泡，边沿紧密，无空隙，弧线平滑圆润，无起毛、不咬边、不破坏表面涂层。选用的尺寸、规格、间距、颜色等严格符合设计规范与图纸要求。

3) 钻孔

孔洞周边无变形；尺寸符合精度要求；采用贴膜和板叠套钻制孔应用随行夹具定位及固定。采用手电钻制孔时，钻杆与工件应保持垂直。采用贴膜制孔应符合下列规定；钻套应采用碳素钢或铝金钢如 T8、GCr13、GCr15 等制作，热处理后钻套硬度应高于钻头硬度 HRC2～3；钻模板上下两平面应平行，其偏差不得大于 0.2mm，钻孔套中心与钻模板平面应保持垂直，其偏差不得大于 0.15mm，整体钻模板制作允许偏差应符合下列规定：相邻两孔中心距±0.2mm。

4) 焊接

使用独立的钢材作为主要受力结构，焊接使用全满焊技术，焊工为专职技术人员。涂刷防锈漆前必须将焊接时遗留的残渣清理干净，以免涂刷防锈漆后影响表面套装所需的内结构尺寸。涂刷防锈漆后必须确定钢材的变形程度，将其控制在可接受组装范围内。具体焊接制作工艺如下：

① 焊接前应除去待焊接表面的灰土、油脂、水雾和氧化物。除去动力切割和手工磨光所造成的铁屑和渣滓；施焊前焊工应复查构件接头质量和焊区的处理情况，如不符合要求，须进行修整，待合格后方能施焊。

② 铝材在使用前应按设计要求核对其规格、材质、型号，要求无裂纹、缩孔、夹渣或凹陷等缺陷；焊接后应重新调平、调直，确保结构件与饰面板料连接平稳，角焊缝转角处宜连续绕角施焊。

③ 铝材构件应用砂轮机进行切割或修磨，端部需打磨 30°～35° 坡口，坡口应用锉刀或砂纸将毛刺清理。焊接前应用铝刷或丙酮、酒精将表面清理干净。为避免产生腐蚀，铝材不允许与钢支架有接触。

④ 铝材焊接全部采用手工氩弧焊。铝材焊接完毕应进行酸洗，酸洗完毕，用不锈钢丝刷蘸水将废渣洗干净，然后再涂上钝化液，待 1h 后，再用水冲洗干净。最后完工的成品应把所有可见的对焊接头打磨光滑，与周围表面一样平滑。

⑤ 焊接施工工艺控制要点。

减少焊缝缺陷的形成。焊缝中可能存在裂纹、气孔、烧穿和未焊透缺陷，是焊接中最危险的缺陷。采用合理的施焊次序，可以减小焊接应力，避免出现裂纹，也可进行预热，缓慢冷却或焊后热处理，可以减少裂纹形成。焊接的除锈处理是减小气孔的关键，整个施焊过程要求施焊人员采取规范的操作规程，减少焊缝缺陷的形成。

减小焊接残余应力和焊接残余变形。焊接残余应力会降低标识牌主体的刚度，使压杆的挠曲度减少，从而降低其稳定性。对于小尺寸焊件可在施焊后回火，消除焊接残余应力，也可用机械方法或氧-乙炔局部加热反弯以消除焊接变形。

采用双边 V 形对头焊接，使用背对条以散发热量。使用夹具，平接焊接或另外所必须的方法以减少变形。采用锤轻击的方法以消除轻微变形，但要注意不能破坏表面。焊接完毕，焊工应清理焊缝区的熔渣和飞溅物，并检查焊缝外表质量。

5）贴膜

应边沿清晰，无锯齿，无变形，表面平整无气泡，边沿紧密，无空隙。

6）室内标识牌丝印

按施工图纸对 PMMA 板材进行丝印处理。丝印时，确保 PMMA 板材表面无油污和斑点，丝印油墨采用塑胶墨，采用数码输出技术、感光胶片、真空晒网技术制作网版进行丝印，效果为图形边沿清晰、颜色均匀、无锯齿。丝印工艺为：现开料→丝印→丝印 3D 网点→丝印色块→丝印底色→加印底色→CNC 加工中心成型。丝网印刷严格参照国际色标，信息的尺寸、规格、间距、颜色等须严格符合设计规范与图纸要求。

7）装配

在安装过程中应保护所有完工后可见的表面；对相同的截面采用 45°斜切面接口，周边金属不能有变形；组装完成后，所有活动部分必须能自由移动而没有阻碍；清除所有完工后暴露的或对使用者会造成伤害的毛刺及尖锐突起；紧固情况下不能有可见的缝，螺栓头在构件紧固时不可见；在装配过程中，不得损坏标识牌的铝材表面。

8）电气安装

① 灯箱照度的确定。

② 照度分布合理、均匀，照面不得有明显的阴影。

③ 最低照度与平均照度之比不得低于 85％。

4.17　大面积无损拆除技术

4.17.1　技术特点

在改扩建项目中，有的对项目要求比较高，为更多地节约资源、工期，避免拆除中对需保留的结构造成大面积破坏，会选择采取无损拆除的技术进行施工。

一般根据设计要求，在拆除过程中，对于要保留的原结构不能有任何的损伤和破坏。故拆除过程中着重考虑高空拆除及拆除时脱离部分的冲击力以及对不同构件不同拆除工具的选择。

4.17.2　施工技术

（1）采用起重机吊拆

一般结构拆除后结构高度有较大变化，这样我们可以选择起重机作为卸除的主要工具，利用起重机的吊装能力固定看台结构的构件，在悬吊的情况下，对所有的梁、板、柱进行分块切割与拆除。

起重机吊拆时，在分块与原结构分离的一刹那会有一个向下的冲力，这个冲力会比它自身的重力大 1.1～1.5 倍。因此我们预先计算好每一个分块的质量，在分离时根据起重机性能表的显示加载，这样就不会产生过大的偏差，使得每一块在分离瞬间都能平稳地吊卸。在吊装时，对板采用四点吊装，对梁采用两点吊装，对柱采用一点吊装。吊拆的方案首先节省了大量脚手架的搭设，其次解决了高空拆除的难题。

（2）静力切割方案

起重机吊拆方案确定后，为静力切割方案的确定奠定了基础。静力切割方案的确定首先要满足设计的要求，其次是满足保留结构的要求，最后是满足环保的要求。

切割前，首先要根据起重机的吊装能力以及现场的情况把原结构拆除的梁、板、柱分块，不同的结构构件切割时采用不同的金刚石锯切工具。

1）护栏板的切割工艺

根据护栏板的特点，一般采用金刚石圆盘锯进行切割，金刚石圆盘锯的特点有以下几点：

① 金刚石圆盘锯机施工切割面光滑整齐。

② 切割中锯机的移动方向受轨道控制，切割位置准确，切割线偏差可以得到较好控制。

③ 无振动、低噪声、环保、安全无污染且切割厚度可以根据锯片大小调整。

2）看台板的切割工艺

看台板由密肋梁和单向板组成。密肋梁支撑在两边框架梁上，单向板两端支撑在密肋梁上，据此一根密肋梁和一块单向板组成一个分割单元。

看台板是一个大面积的构件，结合其结构特点，将其拆除时必须要先分割成多个部分，因此选择金刚石手持锯和薄壁钻切割。

　　手持锯的特点是切割厚度最大为120mm，动力源是汽油机，而不需用电，操作方便，切割速度非常快，每分钟能切割0.5～0.7m。用金刚石手持锯把看台板沿单向板按长度方向分割，这样分割后并不影响结构的安全性，操作人员可以继续在上面作业，而且在进度上，可以预先把看台板按照起重机吊装能力分割成可供吊装的若干单元，一般是1～3块单向板和密肋梁分割成一个吊装块，为提高施工速度，可以用多台金刚石手持锯同时分割看台板。密肋梁的切割分离采用金刚石薄壁钻，钻头根据密肋梁的宽度选用相应的直径，先用水钻分离密肋梁截面的1/2，待起重机吊好后，再分离余下截面，这样既安全又迅速。

　　3）梁、柱的切割工艺

　　看台的梁分为径向梁和环向梁，一般为变截面梁，柱子截面面积非常大，自重也比较大。因此我们采用液压金刚石绳锯进行切割。

　　液压金刚石绳锯切割速度快、功率大，是其他切割方法无法比拟的。通过组合这几种金刚石锯切工具对看台结构进行分割拆除，以一跨为一个施工工艺流程，且配以起重机的辅助吊卸，这样由外而内，先板后梁再柱进行大面积无损拆除。

5 工 程 案 例

5.1 武汉体育中心体育场

5.1.1 工程简介

武汉体育中心体育场位于武汉经济技术开发区北端，西临 318 国道，与开发区生活区相邻，东靠南太子湖及规划的湖边公园，南至北环路与神龙汽车厂住宅相对。2002 年至今，该体育场先后承办了 20 场国内大型体育赛事和近 20 场大型演出，2007 年女足世界杯在此举办。

体育场总建筑面积 63629m²，共设坐席 57300 座，占地约 4.5 万 m²。

该工程整体呈马鞍形，平面呈椭圆形（径向南北向长 296m，东西向长 263m），周边为面积 2.7 万 m² 的疏散平台，平面划分为东、南、西、北 4 个看台区。主体为现浇钢筋混凝土框架结构，其中南、北区为 2 层，高 17.23m；东、西区为 4 层，高 37.03m。篷盖采用进口聚四氟乙烯膜结构，南、北区最高为 38.11m，东、西区最高为 54.681m；四角沉井上设 A、B、C、D 四个现浇混凝土井筒，直径为 10m，高度为 37.50m（图 5-1）。

5.1.2 工程特点及难点

该工程结构复杂，异形、变截面梁柱较多。看台主要支承在 56 根 Y 形大柱上，大柱上支承大型异形梁，柱截面尺寸最大 1200mm×5618mm；梁截面尺寸最大达 1200mm×2800mm。

体育场篷盖钢结构部分由 56 个立柱单元、4 个钢筋混凝土井筒、2 道内环索、68 榀悬挑钢桁架以及相配套的拉杆、拉索共同组成。这些组件沿体育场

图 5-1　武汉体育中心体育场

周围呈花瓣状对称分布：体育场东西方向最大轴线距离 248.01m，南北方向最大轴线距离 280.41m。该工程膜结构共由 36 个单元膜面组成，即每两榀悬挑钢桁架上支撑一个膜单元（井筒处除外）。每跨单元结构由边索、脊索、谷索以及支撑桁架、环梁、拉杆和膜面组成，它们共同作用形成一个轻盈飘逸的空间整体结构体系，是工程钢结构施工的关键所在。

工程应用了大截面 Y 形柱施工技术、变截面 Y 形柱施工技术以及大跨度钢结构施工技术等。

5.2　贵阳奥林匹克体育中心主体育场

5.2.1　工程简介

贵阳奥林匹克体育中心位于贵阳市金阳新区中心地带的南侧，是目前贵州省规模最大、功能最齐全的大型体育综合场馆，承办了 2011 年第九届全国少数民族传统体育运动会，远期目标为申办部分国际单项赛事和各类国内综合赛事的主场馆，同时将成为一个集健身、娱乐、休闲、旅游、培训等多功能于一体的体育文化中心的主体建筑。

该工程项目规划总用地面积为 116.27ha，规划总建筑面积为 28.939 万 m^2。建设内容包括：一个 5.2 万座的体育场，一个 8000 座的体育馆，一个 3000 座的游泳跳水馆，一个 17 片网球场的网球中心，以及新闻中心、训练中心和管理中心。

主体育场设计方案应用了具有贵州少数民族特色的水牛角图形，由东西两个水牛角形的金属板飘篷扣在环形看台上组成，整个金属板飘篷从立面到屋顶设计为一体，体形简洁完整，曲线光滑流畅，视觉冲击力强（图 5-2）。

图 5-2　贵阳奥林匹克体育中心主体育场

5.2.2　工程特点及难点

项目工程量大、工艺复杂、工期要求紧，工程施工中存在超长混凝土结构和预制看台板施工，如何控制超长混凝土无缝施工及实体看台施工是工程施工重点。整个工程平面面积较大，且为圆弧形状，东西钢结构罩棚为非封闭体系。东看台依坡而建，场地高差较大。这一特点对工程测量放线提出了较高要求。工程中的斜梁、柱采用劲性混凝土，施工难度较大。该工程的主承重体系为网状交叉曲线钢管桁架结构，此类桁架为空间桁架，桁架上弦和下弦均为双向弯曲杆件；墙面桁架和屋面桁架过渡位置为弯扭构件，加工制作难度较大。同时钢结构制索、挂索和预应力钢索张拉过程不易控制，是该工程的难点。

工程应用了体育场看台依山而建施工技术、复杂空间管桁架结构现场拼装技术等。

5.3 深圳湾体育中心

5.3.1 工程简介

深圳湾体育中心位于南山后海中心区东北角、深圳湾 15km 滨海休闲带中段，毗邻香港，是 2011 年第 26 届世界大学生夏季运动会的主要分会场，也是深圳未来的重点城市景观和公共活动空间。

整个项目占地约 30.74ha，总建筑面积达 25.6 万 m^2，建成后成为深圳市的又一座标志性建筑。

项目包括体育场、体育馆、游泳馆、运动员接待服务中心、体育主题公园及商业运营设施。深圳湾体育中心在设计上也是体育建筑的一大创新，名为"春茧"的独特设计通过用白色巨型网架结构做成的大屋面将"一场两馆"和商业设施进行建筑空间一体化的整合，另外该项目一体化、复合化、活性化的设计对赛前赛后的综合利用十分有利（图 5-3）。

5.3.2 工程特点及难点

该工程建筑设计新颖，体育场、体育馆、游泳馆外形建筑设计为钢结构，三个场馆两位一体，寓意春茧，"春茧"钢结构的顺利施工是工程完成设计目

图 5-3　深圳湾体育中心

标的关键。该工程大量采用预制清水混凝土及现浇清水混凝土，清水混凝土施工是工程施工的一大特点。同时由于结构形式复杂，存在大量看台斜梁、空间曲线弧形梁施工，因此看台斜梁、空间曲线弧形梁施工也是工程施工难点。

工程应用了大跨度钢结构施工技术、复杂空间钢结构施工技术以及体育场馆标识系统制作及安装技术等。

5.4　深圳大运中心主体育场

5.4.1　工程简介

深圳大运中心位于深圳市区东北部，龙岗中心城西区，距离市中心约15km，是深圳举办第26届世界大学生夏季运动会的主场馆区。大运会的开、闭幕式及田径预、决赛在这里举行。

建筑面积 13.93 万 m²，设有座位数 6 万个。

深圳大运中心主体育场总体高度 53m，地上 5 层，地下 1 层，可举办各类国际级、国家级和当地的体育赛事以及超大型的音乐盛会，可以满足国际田联及国际足联的比赛标准要求（图 5-4）。

图 5-4　深圳大运中心主体育场

5.4.2　工程特点及难点

该工程结构形式复杂、多样，运用多种新技术、新材料，其中清水混凝土技术的应用使得工程整体表面光洁密实，外形美观，遵循绿色、环保、节能、生态的要求。深圳大运中心设计新颖，造型独特，三座场馆犹如三颗巨型的水晶石镶嵌在湖面上。体育场为实现"水晶石"的建筑造型，屋盖钢结构采用国内首创的单层空间折面网格结构，该结构是国际上最新颖的一种结构形式，受力体系复杂，其中的球铰支座制作技术及预应力锚栓施工技术，都是保证钢结构工程施工顺利进行的关键。

工程应用了高支模施工技术、复杂空间钢结构施工技术等。

5.5 南京奥林匹克体育中心

5.5.1 工程简介

南京奥林匹克体育中心主体育场工程位于南京河西地区江东南路以西、纬八路以南、青石埂路以北、上新河路以东，周围交通畅通，是 2008 年以前全国最大的体育场，是 2005 年第十届全国运动会的主会场。2014 年第二届夏季青年奥林匹克运动会（青奥会）在南京举办，南京奥林匹克体育中心和奥体中心体育场成为第二届青奥会主赛场和主体育场。

主体育场建筑面积为 136340m²，共设席位 6 万座。

该工程外围呈圆形，半径 142.8m，周长约 900m，内侧为近似椭圆形，长轴长度 195m，短轴长度 132m，周长约 545m。看台范围东西宽，南北窄，最大宽度为 75m，最小宽度为 45.3m。该工程划分为东、西、南、北四个看台区，主体结构为现浇钢筋混凝土框架-剪力墙结构。主体结构共有 7 层，底层层高 7.0m，二层及以上层高 4.8m。建筑功能底层为办公、商业、新闻媒体用房，运动员休息室等，第二层为检票大厅，看台及部分商业用房，第三层为看台及包厢，第四层为看台及大厅，第五层为办公及包厢等，第六层为部分商业用房，第七层为看台（图 5-5）。

5.5.2 工程特点及难点

屋面结构造型新颖，构造独特。该工程屋面系统为钢结构，由两座斜拱及众多 V 形钢支撑、钢大梁及悬索状钢管支撑组成，形成一个钢构空间整体受力体系。整个屋面造型颇为独特，屋面钢拱体系施工难度大，如此构造的钢屋面在国内是首次采用，在全球范围内也不多见，其中又以两座斜拱最为独特，单个斜拱跨度达 340m，重千吨以上，高 70 多米，而且还处于倾斜状态，是该工程最关键的部位。构造复杂，体育场形状不规则，看台区平面外围圆形，里

图 5-5　南京奥林匹克体育中心主体育场

侧为近椭圆形，整个立体形状呈碗形，各层高度不一。梁大部分为弧形，还有部分斜梁，断面尺寸大小不一，有普通钢筋和预应力钢丝束。柱为圆形，高度各不相同，且有 Y 形柱。看台有三层，倾斜度大，呈弧形，上、中层看台下部为悬挑结构，看台长度高度尺寸均很大。长度达 700m，最大高度达 20m，看台肋梁均采用预应力，此均为该工程结构施工的重难点所在。

工程应用了高空大直径组合式 V 形钢管混凝土柱施工技术、大截面 Y 形柱施工技术以及大型预应力环梁施工技术等。

5.6　南昌国际体育中心体育场

5.6.1　工程简介

南昌国际体育中心体育场位于红谷滩新区，东临赣江、西至丰和南大道、北临生米大桥高架引线，规划用地面积 1045 亩，是南昌市为承办 2011 年全国第七届城市运动会规划新建的主要体育场，是南昌国际体育中心的主会场。

该工程占地面积 67248m²，总建筑面积 82742m²，设总坐席数 57195 席，其中一层看台 20844 席，二层看台 12605 席（包括包厢及贵宾席），三层看台 23746 席。

建筑高度为 51.85m，建筑层数是地上 6 层。整个场地平面呈现环形，外环是直径为 292.6m 的圆，其周长为 919m，内环是短轴 137.5m、长轴 194.5m 的椭圆。该工程看台分为 3 层，每层为环状连续看台，总体为东西看台排数多，南北看台排数少（图 5-6）。

图 5-6　南昌国际体育中心体育场

5.6.2　工程特点及难点

该工程除设计后浇带外，没有设置伸缩缝，因此承台拉梁及上部结构梁板属于超长无缝结构。体育场内结构层高较高，属于超高模板支撑体系，如何保证超高模板支撑安全、顺利施工尤为关键，同时钢结构存在大悬挑钢桁架施工，也是工程钢结构施工的一项重点。

工程应用了高支模施工技术、大悬挑钢桁架预应力拉索施工技术等。

5.7 北京奥体中心体育场

5.7.1 工程简介

北京奥体中心体育场位于北京市朝阳区国家奥林匹克体育中心园区西侧，在 2008 年奥运会时承担足球比赛和现代五项中的马术、跑步比赛，是 2008 年奥运会场馆建设中改造项目的重点。

北京奥体中心体育场作为改扩建项目，建筑体量较大，总建筑面积为 37000m²，可容纳观众 40000 人。

整个场地南北长度达到 236m、东西长度达到 249m，东西看台 5 层、南北看台 2 层，奥运会比赛后成为国家队运动员的训练基地和全民健身的重要场所（图 5-7）。

图 5-7 北京奥体中心体育场

5.7.2 工程特点及难点

该工程结构体系多样，东西看台：第一层为混凝土框架-耗能钢支撑结构，第二层为钢管混凝土-耗能钢支撑过渡，第三～五层为钢框架结构体系，屋面罩棚采用型钢-拉索结构体系，新建池座及楼座看台采用密肋钢次梁及压型钢组合楼承板，新建第三～五层采用压型钢组合楼承板。南北看台：采用混凝土框架结构体系。圆形坡道：采用混凝土筒体加钢桁架吊挂结构体系。工程为改扩建工程，东西看台混凝土结构为无损性拆除，南北看台及围护结构为破坏性拆除，不仅拆除难度大，而且拆除的好坏直接关系到新建结构的安全，同时为了改观体育场外观效果及延长体育场的使用寿命，采用的清水混凝土施工技术、增大截面加固技术及耗能支撑安装技术，也是工程改扩建施工的重点。作为大跨度体育场工程，大跨度悬挑钢结构端部无支撑安装也是钢结构施工关键所在。

工程应用了大面积无损拆除技术、耗能支撑加固安装技术以及大悬挑钢桁架预应力拉索施工技术等。

5.8　沈阳奥林匹克体育中心

5.8.1 工程简介

沈阳奥林匹克体育中心建于沈阳市浑南新区，富民街以西，浑河大街以东，浑南大道以北，规划道路浑南四路、浑南五路以南，是 2008 年奥运会足球比赛分赛场之一。

建设规划用地 54.59 万 m²，总建筑面积 29.699 万 m²。其中：能容纳 6 万人的体育场一座，能容纳 1 万人的体育馆一座，能容纳 4000 人的游泳馆一座，能容纳 4000 人的网球馆一座。

主体育场地下 1 层、地上 6 层，包括符合国际足联标准的带有标准塑胶跑道及田径比赛功能的天然草皮足球比赛场地和带有标准塑胶跑道的天然草皮足球热身训练场地各一块，一~六层各类建筑 13.888 万 m²。主体育馆及训练馆地下 1 层、地上 4 层，包括可以进行室内球类、体操、冰上运动的比赛场和训练场，一~四层各类建筑 5.057 万 m²。游泳馆地下 1 层、地上 3 层，包括室内水上运动游泳、花样游泳、跳台跳水、跳板跳水、水球的比赛场和训练场，一~三层各类建筑约 3.71 万 m²。网球馆地下 1 层、地上 2 层，包括可容纳观众 4000 人的 1 号室内场地一块，每块可容纳观众 2000 人的室外 2 号和 3 号场地及训练场地 3 块，一、二层各类建筑约 1.47 万 m²（图 5-8）。

图 5-8　沈阳奥林匹克体育中心

5.8.2　工程特点及难点

该工程弧形曲面体的平面结构、错综变化的标高以及超长的主体对工程施工中的测量控制提出了较高的要求，况且钢结构的吊装量比较大，弧线测量放线多，还涉及一些斜柱的定位测量，因此对测量工程精度要求得比较高，测量的施工难度相当大。该工程结构形式复杂，施工面积大，有多种截面柱、弧形墙、弧形梁和倾斜异形柱，给模板的设计和选型带来一定的难度，因此对于模板的选型与设计尤为重要。同时该工程看台板施工采用独特的预制看台板，板搁置在现浇斜梁上，看台板的安装面积相当大，预制板的制作采用工厂制作的方式，工程实体看台板的施工也是工程的一个关键技术点。

工程应用了复杂（异形）空间屋面钢结构测量及变形监测技术、异形混凝土结构施工技术等。

5.9 奥林匹克公园网球中心

5.9.1 工程简介

奥林匹克公园网球中心位于北京市朝阳区奥林匹克公园南部地区，是2008年奥运会网球项目主赛场。

该工程总建筑面积约 25914m²，占地总面积约为 178000m²，共设坐席1.74 万个。

主要包括中心赛场、1 号赛场、2 号赛场、2 号平台预赛场地、3 号平台五部分。网球中心的一块中心赛场和两块主赛场都采用正十二边形造型，12 个边就是 12 个看台，再配以清水混凝土的灰白色外墙，其外形宛如奥林匹克森林公园里 12 片花瓣往空中伸展的"莲花"（图 5-9）。

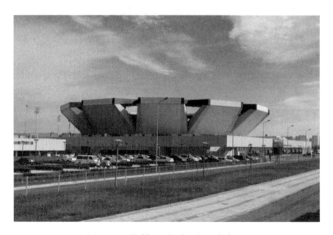

图 5-9 奥林匹克公园网球中心

5.9.2　工程特点及难点

该工程结构形式多样，包括：框架结构、钢棚架结构、钢筋混凝土多筒结构-大型的混凝土悬挑结构，中心赛场是网球中心里最大的一朵"花"，48 根倾角达到 42°的现浇钢筋混凝土悬挑斜梁，斜长约 17m，每根自重达到 62t。正是这 48 根巨大的悬挑斜梁撑起了 12 瓣花瓣，同时网球中心设计时保留了"清水混凝土"的本色，不加任何装饰，很好地与森林公园的绿色映衬起来，视觉效果非常好。

工程应用了大悬挑斜梁施工技术、网球场施工技术等。

5.10　上海旗忠网球中心

5.10.1　工程简介

上海旗忠网球中心位于闵行区马桥镇，为大型公共体育建筑，是亚洲最大的网球赛馆，其开启式钢屋顶在国内为首创，是上海市 2003—2005 年重大工程之一，也是 2005—2007 年"国际网球大师杯"赛事的举办地。

占地面积 338836m²，总建筑面积 51633m²。中心网球场馆占地面积约 20000m²，建筑面积 42076m²，最大可容纳 15000 人。

该工程地上 4 层，建筑物总高度 41m。+5.430m 以上为现浇预应力混凝土看台结构，屋盖为开启式钢结构，其屋盖由可开闭的八片钢结构"叶瓣"组成开启方式，仿佛上海市市花白玉兰的开花过程，为世界首创（图 5-10）。

5.10.2　工程特点及难点

上海旗忠网球中心主赛场+5.430m 标高以上结构采用现浇预应力看台结构，由 64 道预应力斜梁和环向二道预应力水平环梁以及二道混凝土环梁形成赛场看台圆环主体受力结构体系。看台由环向预应力梁受力，其技术关键在于

图 5-10　上海旗忠网球中心

保证现浇预应力构件施工精度、预应力张拉施工、预应力性能长期监控。该工程＋5.430m 上部混凝土结构构件体积大，PL1、PL2 斜梁为变截面，最大处深达 3m，PL3 预应力环梁为 2.0m×0.8m，PL4 预应力环梁为 4.55m×0.8m，斜梁悬挑长度将近 8m。故结构施工支撑系统的安全稳定性是该工程技术攻关的重点。

同时"叶瓣"屋顶为八片花瓣状可开启钢结构屋顶，屋顶位于环形钢桁架上，每片钢结构屋顶叶瓣质量大（200～300t）、制作精度要求高、吊装难度大，机械制动轨道装置定位要求准确。该开启钢结构屋顶为国内外首次采用，是该工程又一技术关键点。

工程应用了大型预应力环梁施工技术、复杂空间管桁架结构现场拼装技术、网球场施工技术等。

5.11　北京大学体育馆

5.11.1　工程简介

北京大学体育馆位于北京大学校内东南区，是 2008 年奥运会乒乓球比赛场馆。奥运比赛结束后，该场馆改建为北京大学综合体育场馆，不仅能满足学校教学、训练、娱乐等功能服务，还为周边社区居民提供了一个体育活动场所，并能举办国际、国内大型体育比赛和其他大型活动。

建筑规划用地 17100m²，建筑面积约为 26000m²，场馆内拥有 6000 个固定座位和 2000 个临时座位。

该工程为地上 4 层，地下 2 层，体育馆"中国脊"的设计构思，充分展现了北京大学人文环境的造型理念和乒乓球运动的精神内涵（图 5-11）。

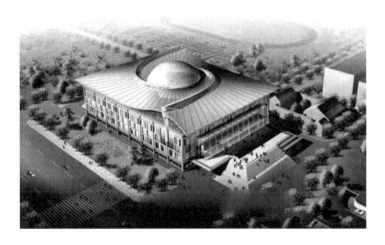

图 5-11　北京大学体育馆

5.11.2　工程特点及难点

钢结构是该工程施工的重点和难点，该工程屋盖为大跨度空间钢桁架结构体系，中央由下刚性环、中央刚性环和中央球壳组成，外连大跨度钢桁架结构，中央结构及大跨度钢桁架制作以及现场高空拼装、焊接等为该工程的特点。同时桁架钢拉索预应力张拉控制也是工程施工难点。

工程应用了大跨度钢结构施工技术、复杂空间管桁架结构现场拼装技术、复杂空间异形钢结构焊接技术、大悬挑钢桁架预应力拉索施工技术等。

5.12 合肥体育中心游泳跳水馆

5.12.1 工程简介

合肥体育中心游泳跳水馆工程位于合肥市政务文化新区内，习友路南侧，潜山路西侧，怀宁路东侧。

该工程是一座按照大型甲级游泳跳水馆标准设计，能够容纳3100多人，可满足国内重大比赛及国际单项比赛的体育场馆。整个工程占地面积 17579m²，建筑面积 25207m²（其中地上 16971m²，地下 8236m²）（图 5-12）。

建筑层数：地上 3 层，地下 1 层（有一夹层）；座位数：3166 个；停车数：40 辆（其中 8 个大车位）；体育建筑等级：甲级；建筑耐久年限：二级（50～100 年）；建筑耐火等级：二级。

5.12.2 工程特点及难点

该工程主体结构平面为不规则矩形，且各部分高程变化大，屋面为钢折板网架结构，结构施工阶段要进行预埋件的埋设，在位置及标高上都要精确控制，给施工测量带来了一定的难度。由于游泳馆使用功能的特点，对施工各分项工程提出了较高的要求，如泳池几何尺寸精确度控制高，游泳池防水、进出水口的抗渗、防漏处理，游泳馆内钢构件的防腐处理，屋面、墙体防结露问题，体育设施的专用预埋件要求高等。该工程造型较复杂，且有大跨度空间网架结构，设计运用现代化大型场馆设计理念与布局，充分展现了大型体育场馆

图 5-12 合肥体育中心游泳跳水馆

高空间、大跨度、造型复杂、规模宏伟等特点，这同时也给施工带来困难。同时工程实体看台板及悬挑斜梁施工也是施工过程中的一项重点。

工程应用了复杂（异形）空间屋面钢结构测量及变形监测技术、游泳池结构尺寸控制技术等。

5.13 乐山市奥林匹克中心

5.13.1 工程简介

乐山市奥林匹克中心建设项目位于乐山市市中区苏稽新区商务核心区，项目位于乐山峨眉旅游黄金线路，建成后将成为乐山文旅新地标。项目总占地面积约 339 亩，建筑面积约 20.78 万 m^2。其中地上总建筑面积为 15.28 万 m^2，地下建筑面积 5.49 万 m^2，包括体育场、体育馆、游泳馆、综合训练馆和产业配套用房、地下车库及设备用房、室外运动场地等（图 5-13）。

图 5-13　乐山市奥林匹克中心

5.13.2　工程特点及难点

体育场为乙级中型体育场，占地面积 48483m²，设置 20000 座固定坐席，10000 座临时坐席，结构形式为框架结构及钢结构索网结构体系，地上 4 层，高度为 45m。

体育馆为乙级大型体育馆，占地面积 27309m²，设置 5000 座固定坐席，2000 座活动坐席，地上 5 层，地下 1 层，高度为 32m。

游泳馆为乙级中型游泳馆，占地面积 22607m²，设置 2000 座固定坐席，地上 4 层，地下 1 层，高度为 30m。

综合馆设置室内训练场地和设置教育培训用房，占地面积 27780m²，设置室内羽毛球、乒乓球、武术、击剑、举重等训练场地，并设置舞蹈、瑜伽、健身、棋牌及教育培训用房，地上 2 层，地下 1 层，高度为 21m。

集中绿地、屋顶绿化占地面积 39600m²，机动车停车位 1520 个，地下非机动车停车位 1262 个。

工程应用了游泳池结构尺寸控制技术、体育馆木地板施工技术等。

5.14 武汉大学大学生体育活动中心

5.14.1 工程简介

武汉大学大学生体育活动中心位于武汉大学校园内，是一幢由比赛馆、训练馆及其配套设施组成的综合性公共建筑。该场馆总建筑面积 37200m²，总长度 215m，总宽度 117m，地下 1 层，地上 4 层，结构形式为框架结构＋张弦桁架结构，比赛馆平面尺寸为 106.8m×92.4m，跨度 75.6m，建筑高度 29.14m，用钢量 860t。

武汉大学大学生体育活动中心按照国际领先标准规划建设，能够举办室内单项运动的国际性大型赛事，是国内高校规模最大的综合体育场馆之一，同时也是 2019 年世界军人运动会羽毛球比赛场馆（图 5-14）。

图 5-14 武汉大学大学生体育活动中心

5.14.2 工程特点及难点

该工程造型独特，建筑布局呼应校园空间界面，建筑造型融入武汉大学早期宫殿式建筑群，营造校园传统建筑与山体地形的和谐关系；功能先进，房间布局、疏散流线设计、照明、空调及智能建筑系统充分考虑"平赛结合"，满足不同类型、等级赛事要求，转换迅速，灵活性强；绿色节能，采用天窗热压通风、自然采光、智能照明等先进楼宇控制系统，实现低能耗运营。

该工程荣获国家优质工程奖、国际 AH 采光卓越奖、中国钢结构金奖、全国第六届龙图杯综合组一等奖、国家专利 5 项，湖北省工法 1 项、湖北省 10 项新技术应用示范工程、湖北省楚天杯、湖北省绿色建造暨绿色施工示范工程、湖北省绿色建造设计水平二等成果、湖北省 QC 成果一等奖等 14 项省部级及以上奖项。

该工程作为 2019 年世界军人运动会羽毛球比赛场馆，营造了一流办赛环境，彰显了国家在体育场馆技术和工艺上的综合实力，承载了世界军人追逐梦想、共筑和平的美好愿景。

工程应用了体育场馆场地照明施工技术、体育场馆智能化系统集成施工技术等。

5.15 苏州奥林匹克体育中心

5.15.1 工程简介

苏州奥林匹克体育中心位于园区核心区，包括 45000 座位的体育场、13000 座位的体育馆、3000 座位的游泳馆、商业服务楼、中央车库及室外训练场，是苏州规模最大的多功能、综合性甲级体育中心，总建筑面积 38 万 ㎡，总投资 50.8 亿元。

工程以"园林叠石"为创意理念，将建筑物巧妙融入自然景观，轻盈优雅、舒缓工巧，具有鲜明的地标性，是国内首个全开放式生态体育公园。

体育场地上4层（看台2层），建筑面积9.1万 m^2，建筑高度54m，最大跨度260m，为国内最大跨度单层轮辐式索网结构。体育馆地上5层，建筑面积6.2万 m^2，建筑高度42m，最大跨度143m。游泳馆地上4层，建筑面积5.0万 m^2，建筑高度34m，最大跨度110m，将刚性屋面设置在柔性单层正交索网结构体系上的做法为国内首创（图5-15）。

图 5-15　苏州奥林匹克体育中心

5.15.2　工程特点及难点

该工程建设规模大、体量大、设计定位高、功能复杂、社会影响大、关注度高，是苏州市规模最大的体育设施，也是苏州市重点工程、地标性工程。该工程结构体系复杂、跨度挑战大、创新成果多、科技含量高、技术管理难度大。场馆屋盖结构中大量采用轻质、高强材料，如全封闭索、膜材、高强销轴、铸钢索夹、关节轴承等，技术先进。

该工程创新采用"智慧安全"管理模式，创造了2000万无伤害工时的记录，台井安全晨会 1073 次，双周安全大检查 156 次，获得了江苏省建筑施工标准化文明示范工地、全国建设工程项目施工安全生产标准化建设工地荣誉。

通过对柔性轻型单层索网结构体系设计优化、高精度成型施工技术进行系统研究和应用，实现了国内首个体育场 260m 超大跨度轮辐式单层索网结构，实现了国内首个游泳馆 110m 大跨度上覆直立锁边刚性屋面正交单层索网结构，填补了国内超大跨度单层索网结构的空白，使中国大跨度单层索网结构体系设计与施工关键技术达到国际领先水平，使大跨度空间结构向更加轻盈、更加轻巧方向发展迈出了坚实一步，大大节约了大跨空间结构的用钢量，缩短了建造工期，实现了绿色建造和建筑的可持续发展。

工程应用了游泳池结构尺寸控制技术、大跨度钢结构施工技术等。